やさしい
有機光化学

伊澤康司
Izawa Yasuji

名古屋大学出版会

まえがき

　ある植物生理学者の書いたエッセイのプロローグに、「生きるために、必要な有機物を、植物は自分の力で合成することが出来るが、動物にはその能力がない。だから、動物は植物を食べなければ生きてゆけない」、したがって、「人間を含めてすべての動物は、植物の寄生虫である」と書かれてありました。「なるほど」と感心もしましたが、それをきっかけに、今まで以上に、自然の巧みな技の一つである光合成の仕組みに興味を持つようになりました。私にとって、このエッセイは「光で起こる物質の変化の仕組み」へと研究内容の軌道を修正させるに十分なインパクトがありました。そして、光で起こる物質（有機化合物）の変化（光化学反応）に焦点を絞った研究を始めることにしました。

　長い間、私の専門科目として、大学の学部では、「光で起こる有機化合物の変化の仕組み」についての基本的事項を、また大学院では、トピックスを組み入れながら、専門基礎的事項を講義してきました。その講義経験から、光で起こる物質変化は、決して特異な分野での化学反応ではなく、ごくごく常識的な事象であり、物質変化の本質を理解するための基盤の一つであることを知ってもらおうと、本書を執筆することにしました。

　「本や講義から伝達された集積知識」を「知恵」に変えて、はじめて「独創力」が生まれてくるものと思います。「知識」を「知恵」に変えるためには、その知識は、「自分で十分理解した知識」でなければならないでしょう。したがって、「知識伝達のメディア」である本にしろ、講義にしろ、読む人、あるいは、授業を受ける人が理解できるように、また興味を持つように、表現を、構成を、方法を工夫することが、その執筆者や教師に課せられていると思います。

　この本は、以上のような認識から、読者が理解しやすいように、内容のつな

がりに注意しながら系統的に書くよう努めました。本書の構成は、[Ⅰ] 光化学への誘い、[Ⅱ] 光化学の基礎、[Ⅲ] 有機化合物の基本的光化学反応の3部構成とし、第Ⅰ部の終りの章で、本書で学習する光化学のプロフィールと学習手順、各手順での学習項目と内容を紹介しました。また、各章の冒頭に、その章で学習する項目の目的と内容を要約して記載しました。

　幸いにも、この本に誘われて、有機光化学反応に興味を持たれた読者は、国際的に活躍している研究者の執筆した専門書を読まれることをお勧めいたします。

　本書を執筆するに当たって参考とした書物、資料の執筆者の方々、内容や出版に関して貴重なご助言を下さいました富岡秀雄教授（三重大学）、高木克彦教授（名古屋大学）、ご意見をいただいた立木次郎教授（愛知工業大学）、またご協力をいただいた三重大学の平井克幸助教授、伊藤哲二博士に心から感謝をいたします。

　最後にこの本の出版に当たって大変お世話になりました名古屋大学出版会の神舘健司氏に深謝いたします。

2004年8月

伊 澤 康 司

目　次

まえがき　i

第Ⅰ部　光化学への誘い

第1章　太陽の恵み …………………………………………………… 3

1-1　自然の美しさと科学　3
1-2　自然を育む太陽光　4
1-3　太陽のエネルギー　5
1-4　太陽エネルギーの利用　6

第2章　光を利用している自然科学分野 ……………………………… 9

2-1　幅広い応用、利用分野　9
2-2　「実り」の多い「光化学」の樹　10
2-3　主な具体的実例　10

第3章　光化学学習のためのシラバス …………………………………15

3-1　光化学のプロフィールと学習手順　15
3-2　各手順の学習目的と内容　17

第Ⅱ部　光化学の基礎

第4章　光の吸収で何が起こるのか ……………………………………27

4-1　光の種類と光源　27
4-2　物質を構成する分子内での電子移動　33

4-3　短い寿命の不安定な状態の生成　34

第5章　電子の動き
　　　　　――電子遷移　……………………………………………… 39

　5-1　エチレン（$H_2C＝CH_2$）をモデルとして　39
　5-2　電子遷移に関係する二つの重要な事項　41
　5-3　電子遷移のモード　42
　5-4　二つの電子状態――一重項状態と三重項状態　44

第6章　励起状態がたどる過程
　　　　　――ジャブロンスキー図　…………………………………… 46

　6-1　エネルギー状態図と諸過程　46
　6-2　ジャブロンスキー図から予想できること　49

第7章　励起エネルギーの移動　………………………………………… 54

　7-1　消光（quenching）と光増感（photosensitization）　54
　7-2　エネルギー移動の一般的機構　59

第8章　光化学反応の効率　……………………………………………… 62

　8-1　反応効率の尺度である量子収率（quantum yield）　62
　8-2　光子数の測定と光量計（actinometer）　64
　8-3　反応の基礎的な解析：Stern-Volmer 式　66
　8-4　相対量子収率測定のための簡便な照射装置　69

　　第Ⅱ部演習問題　72

第Ⅲ部　有機化合物の基本的光化学反応

第9章　単純オレフィンの光化学反応
　　　　——π, π^*状態の反応 ·················· 77

- 9-1　直鎖状オレフィンのE-Z光異性化（E-Z photoisomerization）　77
- 9-2　立体化学的にE-体ができにくい環状オレフィンの場合　83
- 9-3　π, π^*励起以外の励起$C=C$二重結合での光に特有な反応　85
- 9-4　環化付加（cycloaddition）：シクロブタン環の生成　88

第10章　ポリエンの特異的光化学反応 ·················· 96

- 10-1　非共役1,4-ジエンの反応　96
- 10-2　共役ポリエンの協奏的特異反応
　　　　——環状電子反応（electrocyclic reaction）　97

第11章　カルボニル化合物の光化学反応
　　　　——n, π^*状態の反応を中心にして ·················· 102

- 11-1　カルボニル基の電子配置（electronic configuration）　102
- 11-2　カルボニル基のn, π^*励起状態　103
- 11-3　n, π^*状態での主な光化学反応　106
- 11-4　π, π^*状態での還元反応　121
- 11-5　α, β-不飽和環状ケトン（共役エノン）の光化学
　　　　——2-シクロヘキセノンの光化学　123
- 11-6　共役ジエノンの光化学——2,5-ジエノンと2,4ジエノン　129

第12章　ベンゼン類の光化学反応 ·················· 132

- 12-1　芳香環の結合組換え反応——原子価異性（valence isomerism）　133
- 12-2　ベンゼン環へのオレフィン環化付加
　　　　——1,2-環化付加（1,2-cycloaddition）　141
- 12-3　原子価異性による見かけの転位反応　142
- 12-4　光化学的芳香族置換反応　147

第III部演習問題　154

主な参考書とあとがき　157
索　　引　159

コラム
位取り接頭語　6／光源の「明るさ」　32／光化学スモッグ　38／ホタルの光の仕組み　71／イソプレン則　82／PNC法　148／9-ニトロアントラセンの光化学的転位　152

第 I 部

光化学への誘い

　自然と人間が共生していることを実感させる自然の美しさは、太陽の恵みです。その恵みの一つに太陽光による光合成がありますが、光合成の巧みな技を現象論的にでも知れば知るほど、他にどんな「光で誘起される化学反応（光化学反応）」があるのか興味がわいてきます。実際に、さまざまな自然科学分野において、多種多様に光化学が利用されており、また応用例が身の回りにもいろいろと見られますので、その全体像を紹介し、「光科学技術時代」の到来の認識を目指します。

　また、有機化合物を対象にした光化学の「基礎と実際」を学習するための本書のシラバスを説明します。

第1章

太陽の恵み

1-1　自然の美しさと科学

　　からまつの林を出でて、
　　からまつの林に入りぬ。
　　からまつの林に入りて、
　　また細く道はつづけり。

　　　　（北原白秋）

　私は、白秋の四行詩「落葉松(からまつ)」の中の上記の部分が特に好きです。
　芽ぶき始めた落葉松の林は真に清楚で、美しい林です。淡い雰囲気で、寂しくもなく、少しも息苦しさを感じない、その林の中の散策は、静かな自然を全身で感じ取ることのできる素晴らしい時間です。そんな落葉松の林も、秋になれば、パステル調に紅葉し、美しい姿を見せてくれます。落葉松の林は、静寂な自然の一面を強調した風景に過ぎないでしょうが、そのような自然は限りなく美しく、心を癒してくれるものです。
　フランスの数学者 J.H. ポアンカレは、「実用にするために自然を研究するのではなくて、美しい自然が我々に喜びを与えてくれるからこそ、自然を学ぶのだ」と述べて、当時の科学の実用主義的傾向を批判しています。同じようなことが、ずっとさかのぼって、古代ギリシャ人の創造的精神にもあるようです。科学史学者の平田　寛も力説されているように、ギリシャ人にとって、たくま

しい創造的精神の拠り所である科学とは、職業であるまえに、まず自然に対する純粋な探究そのものでした。

　これらのことは、科学はまず学問でなければならないことを示唆しており、尊重しなければならない心構えだと思います。

　人間社会の進展に最先端科学技術は重要ですが、学問としての科学も必要です。

1-2　自然を育む太陽光

　自然の中では、いろいろな営みが行われています。その中でも、素晴らしい巧みな技として、緑色植物や藻類による光合成（光により、二酸化炭素と水から炭水化物と酸素をつくる植物の働き；酸素発生型）があります。その仕組みの解明は、長い間、多くの研究者の研究対象となっていますが、近年そのプロフィールがわかってきました。光合成は、自然界における巨大でクリーンかつグローバルな化学産業です。ちなみに、全地球での光合成による有機物生産量は年間 1.7×10^{14} kg と推定されており、地球上最大の製造プロセスになります。光合成には、酸素発生型のほかに、非酸素発生型と細菌型がありますが、詳細は他の専門書を参照して下さい。

　ともあれ、さんさんと降り注ぐ太陽光が、木を育て、林となり、森を作っています。美しい落葉松の林を鑑賞できるのも太陽光のおかげです。太陽光がクリーンに有機物を作っている自然の営みを探究心から観察していると、自ずから科学する心が涌いてくるものです。いろいろな物が相互作用している光合成の仕組みは大変に複雑で、その解明は高度な専門領域になります。したがって、興味があるからといって、手始めに光合成を理解しようとしても無理なので、学習の手順としては、光の吸収で物質が変化する基本的な仕組みを理解することが先決でしょう。

1-3　太陽のエネルギー

　太陽は地球から、1億5000万km離れている巨大な核融合炉であると言われており、そこから膨大なエネルギーを、波長10^{-11}mのγ線から光、熱線、そして波長10^5m程度の電波として放射しています。

　大気圏外における太陽エネルギーの量は、単位時間当たり1.35 kW/m^2と推定されます。地球の断面積を1.275×10^{14} m^2として、地球上に大気がないと仮定すると、地球が太陽から受け取る全エネルギーは、1.48×10^{17} kcal/h（時間）となります。しかし、その30%が大気層で吸収や散乱のため失われると推定されるので、実際に地球表面に到達する太陽エネルギーは1.04×10^{17} kcal/hとなります。

　これを5×10^{16} kcal/y（年）程度である世界のエネルギー総需要量と比較すると、1万倍以上の膨大なエネルギー量であることがわかります。この無限のエネルギーを太陽の恵みとして、地球規模でその利用を創意工夫することは、自然科学を学ぶ者にとって、学問的にも、社会的にも、必要かつ重要なことの一つだと思います。

　太陽から放射される光のうち、地上に届く太陽光の波長は、300〜3000 nmであり、各波長領域の強度分布は、おおよそ紫外線6%、可視光52%、赤外線42%ですが、この強度分布は、地理的、気象的、時間的条件で変動することは当然のことでしょう。

　幅広い波長領域の太陽光の中で、UV-Bと呼称される280〜315 nmの紫外線は人間の遺伝子であるDNAを損傷（紫外線障害と言います）し、皮膚癌を誘発する可能性を持っています。地上に到達するUV-Bの紫外線量は、成層圏（地上高度20〜40 km）のオゾン量の減少により増加します。もちろん、人間の体は巧妙で、損傷したDNAを回復（光回復と言います）する機能がありますが、損傷量が多ければ、回復しきれなくなり、癌の発症につながります。成層圏のオゾン減少の原因は、地上から成層圏まで上昇してきたクロロフルオロ

> **コラム 1**
>
> 位取り接頭語（国際度量衡委員会）
>
> | 名称 | 記号 | 大きさ | 名称 | 記号 | 大きさ |
> |---|---|---|---|---|---|
> | エクサ (exa) | E | 10^{18} | デシ (deci) | d | 10^{-1} |
> | ペタ (peta) | P | 10^{15} | センチ (centi) | c | 10^{-2} |
> | テラ (tera) | T | 10^{12} | ミリ (milli) | m | 10^{-3} |
> | ギガ (giga) | G | 10^{9} | マイクロ (micro) | μ | 10^{-6} |
> | メガ (mega) | M | 10^{6} | ナノ (nano) | n | 10^{-9} |
> | キロ (kilo) | k | 10^{3} | ピコ (pico) | p | 10^{-12} |
> | ヘクト (hecto) | h | 10^{2} | フェムト (femto) | f | 10^{-15} |
> | デカ (deca) | da | 10 | アット (atto) | a | 10^{-18} |

カーボン（フロンガス）が、太陽光の短波長光（190 〜 210 nm）によって光分解を受け塩素原子を発生し、それがオゾンと反応するためと考えられています。

　DNA の紫外線障害による皮膚癌の発生や皮膚の老化を考えると、日光浴はほどほどにすべきです。

1-4　太陽エネルギーの利用

　限りなく放射される太陽エネルギーを人間は太陽の恵みとして、多くの場合、そのエネルギーを電気エネルギーに変換して利用しています。利用の概略は図1-1 に示しましたが、太陽エネルギーは「熱」あるいは、「光」のいずれかで捕らえられます。太陽熱コレクターにより「熱」として捕らえた場合は、それを直接電気エネルギーに変えて太陽熱電子発電システムに、あるいは熱機関を動かすことで電力を得て太陽熱発電システムに供給されます。一方、太陽電池で光として捕らえた場合も、電気エネルギーに変換して、太陽光発電システムに供給されます。

第1章 太陽の恵み　7

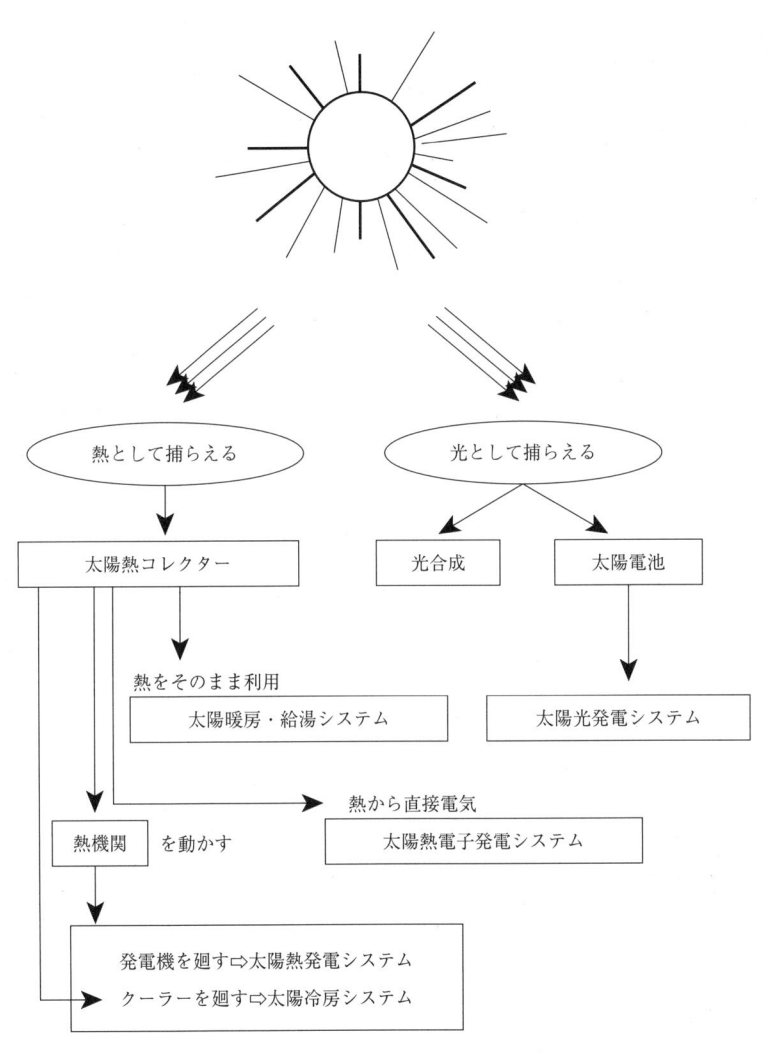

図1-1　太陽エネルギーの主な利用形態図

光として捕らえても、利用する分野は電気エネルギーへの変換に限られているのが現状ですが、別の分野への利用として、太陽エネルギーを化学エネルギーに変換し、クリーンに「物」を創るか、「物性」を変える分野の研究の成果が待たれます。

　光合成は、太陽エネルギーを化学エネルギーに高効率で変換する最も良い見本です。それは、光エネルギーを電子エネルギーに変換して、二酸化炭素と水を炭水化物と酸素にする植物や細菌の巧みな働きですが、その仕組みが段々とわかってくるにつけ、光合成に学ぶところはますます多くなっています。「生体に学ぶ化学（Biomimetic chemistry）」という言葉がありますが、光合成はその典型的な例です。

　地球上で必要とするエネルギー源を将来どうするのかという問題は、政治的な事はさておいて、科学的に解決しなければならない私たち人類の課題でしょう。

　化石燃料に替わる燃料として、環境保全に適合した「水素燃料」が考えられます。その製造方法として「水の光分解」がありますが、現状では効率の改善が研究課題として残されています。

　しかし、近い将来、太陽光を用いて効率良く水を分解し、水素と酸素を製造するプロセスが成功する日が来るのが期待されます。そうなれば、「水素燃料」時代が到来するでしょう。

第2章

光を利用している自然科学分野

2-1 幅広い応用、利用分野

絹に似たつやのある、高い強度の合成繊維であるナイロンの原料を、光を利用して製造するプロセスを1960年代に確立した東レ（日本）の技術開発は、世界的に話題をよびました。その後、高分子材料分野では、印刷製版、インキ、医用材料、エレクトロニクス材料など光によって物性（溶解性、接着性）が変化する感光性樹脂の研究、開発、実用化が急速に進展しました。

また、医療分野でも、例えば、乾癬（かんせん）やある種の癌の治療に光化学反応が利用

表2-1 光の応用例

生活用品の製造	界面活性剤	⇨環境にやさしい洗剤
	医薬品	⇨ビタミン A, D_2, D_3
		副腎皮質ホルモンなど
	化粧品	⇨紫外線吸収剤
	塗料	⇨光硬化性塗料
	写真	⇨銀塩写真（カラー、白黒、インスタント）
製品材料の合成	感光性樹脂	⇨印刷製版、塗料、印刷インキ、接着剤、プリント配線板など
	ナイロン原料	⇨衣料、靴下など
	光記録材料	⇨可視画像形成システム、光ディスクメモリー、光磁気ディスクメモリーなど
		非銀塩写真（ジアゾ写真、ラジカル写真など）
医学への応用	光化学療法	⇨光酸化反応による癌治療、光毒性を利用した乾癬治療など
環境化学への応用	光触媒（例えば酸化チタン）を用いた空気清浄機	
	環境浄化など	

されています。医薬品や界面活性剤などの機能性製品の合成、光触媒を用いた空気清浄機や、その他、我々の生活に密接に関係する種々の分野でも光化学反応が有効に利用されています。用途・利用別に分けて、主な例を表2-1に示しました。

なお、20世紀は電子に基づいた「エレクトロニクス」の時代でしたが、21世紀は光子に基づいた「フォトニクス (photonics：光科学技術)」の時代だと言われていますので、光化学の分野もますます進展するでしょう。

2-2 「実り」の多い「光化学」の樹

「光化学」という大樹が、「励起状態、反応中間体の化学」や「光化学反応解析」などの基礎研究を「養分」として吸収し、多様な「つぼみ」をつけ、それが成功して、人間社会生活に有用な「果実」を実らせています。その様子を図2-1にして示しました。

本書ではこの実りある樹の「養分」である光化学の基礎について学んでいくことにします。

2-3 主な具体的実例

自然科学分野における、光を利用する主な応用例を用途・利用別に表2-1に示しましたが、その中から、具体的実例をとりあげて、フォトニクス時代において、光化学が、いかに有用な科学技術につながる化学であるかを説明します。

2-3-1 生物学的に酸化分解しやすい界面活性剤の製造——SASの製造

洗剤として利用される界面活性剤には、イオン性活性剤、非イオン性活性剤、

第2章 光を利用している自然科学分野

感光性樹脂（フォトポリマー）
印刷製版、印刷インキ、塗料、接着剤、
半導体集積回路（フォトレジスト）

写　真
銀塩写真（カラー、インスタント、白黒写真）
非銀塩写真（ジアゾ写真、ラジカル写真など）

塗　料
光硬化塗料

合成繊維
ナイロン原料

界面活性剤
ソフト洗剤

紫外線吸収剤
ピペロナールなど

光医学
光化学療法

医薬品
ビタミンAなど

環境化学
空気清浄、環境浄化

励起状態・反応中間体の化学

光化学反応解析

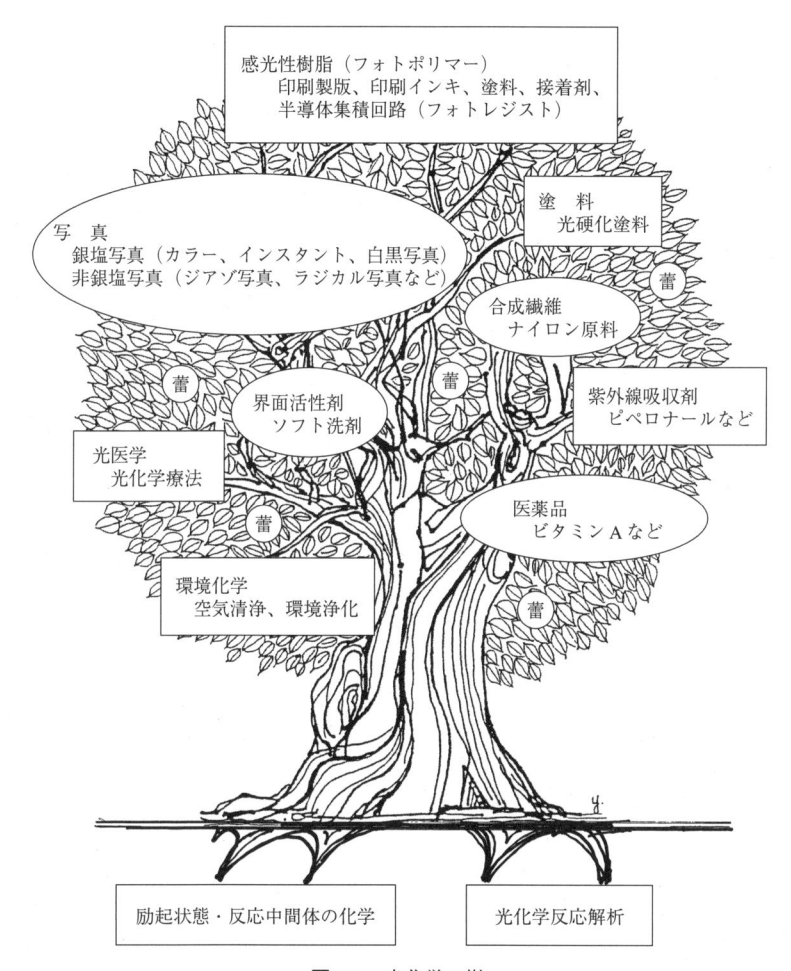

図2-1　光化学の樹

両性活性剤などがありますが、環境保全に役立つ陰イオン性活性剤としてアルキルスルホン酸ナトリウム（sodium alkylsulfonate, SAS）があります。この SAS は、地域の下水処理場における活性汚泥処理で分解する活性剤です。

製造法は、紫外光を照射しながら、炭素数 12 〜 18 の枝分かれのないアルカン（RH）に亜硫酸ガス（SO_2）と酸素（O_2）を反応させて、直接アルキルスルホ

ン酸を製造し、中和してナトリウム塩にする方法です。

$$RH + SO_2 + O_2 \xrightarrow{\text{紫外光}} RSO_3H \xrightarrow{\text{NaOH}} \underset{\text{(SAS)}}{RSO_3Na}$$

この反応は、光スルホ酸化といい、ドイツのヘキスト社で工業化されたものです。

2-3-2 感光性樹脂

第9章で説明しますが、感光性樹脂（フォトポリマー）は印刷刷版、印刷インキ、コーティング材、接着剤、医用成形材料、光電導材料など、いろいろな分野で実用化されています。

このように幅広く利用されているフォトポリマーは、可視光、紫外光、電子線などの照射（露光）によって、物性が変化し、たとえば、溶剤に対して「不溶化」あるいは、「可溶化」します。この物性の変化は、露光によりフォトポリマーが「光架橋」、「光重合」、あるいは「光分解」の光化学反応を起こすことに起因します。

物性の変化を利用して画像形成させるフォトポリマーの最も大きな用途は、印刷製版システムにおける印刷刷版です。刷版には、凸版、平版、凹版、グラビア版およびスクリーン版がありますが、凸版を作る方法について模式図を用いて簡単に説明します。

図2-2で示すように、金属基板にフォトポリマー層をつけた感光材料にポジ画像フィルムを載せて露光すると、画像部分は光を通しませんが、非画像部分が光を通し、その部分のフォトポリマー層で光架橋あるいは光重合が起こり、溶剤不溶に変性します。したがって、その部分が溶剤処理により残り、ネガ画像型凸版ができます。

フォトポリマーは、画像形成機能を利用した印刷版の製造以外に、集積回路（IC）、大規模集積回路（LIC）用などに用いられ、さらに接着機能を利用する

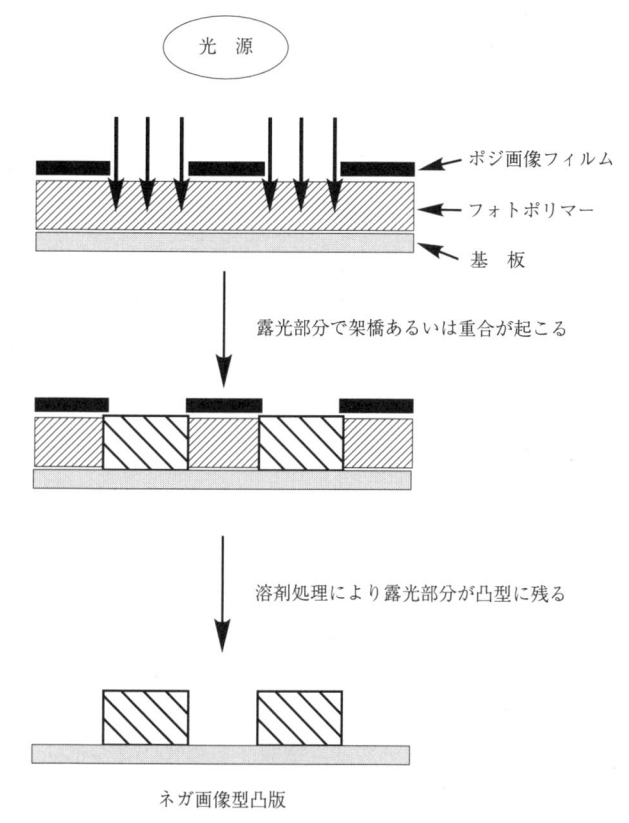

図 2-2 ネガ画像型凸版の作製の原理

(図中ラベル: 光源／ポジ画像フィルム／フォトポリマー／基板／露光部分で架橋あるいは重合が起こる／溶剤処理により露光部分が凸型に残る／ネガ画像型凸版)

「コーティング材」、「接着剤」として、また、応答機能を利用した「光電導材料」などに向けて商品化されています。このように、フォトポリマーは機能材料の一つとして、科学産業界で、幅広く利用され、確固たる存在を得ています。人間と共生する科学の進化に伴い、フォトポリマーの科学・研究・技術もさらに進展することが期待されます。

2-3-3 光化学療法

　医学分野の治療にも光化学が利用されています（第7章）。たとえば、体内でできる有害分子を光照射して体外に排泄するか、無害化して病気を治療する「光療法」と、病変している組織に光吸収剤を吸着させ、光によって光吸収剤に一過性の光中毒反応を起こさせて病気を治療するなどの「光化学療法」があります。

a) 光療法

　代表的な療法に、新生児黄疸の光療法があります。この療法は、肝臓が未熟な新生児では、血中の非結合ビリルビン（胆汁色素）の濃度が一時的に増加し黄疸になり、酸素欠乏症とか低血糖などの障害を引き起こすので、可視光照射によりビリルビンを異性化させて尿中に排泄しやすくして、黄疸を治療するものです。

b) 光化学療法

　乾癬は皮膚の角質層が異常に増殖して角化が進む病気です。この治療には、ミカン科、クワ科、マメ科などの植物から抽出あるいは合成したソラレン類を光増感剤（第7章参照）として使用し、光照射により患部の核細胞内のDNAの二重らせん間で架橋反応を起こさせ、DNAの複製を阻害し、皮膚の角質層の異常増殖を抑制して、乾癬を治療します。

第3章

光化学学習のためのシラバス

　自然の限りない美しさは、太陽の恵みの光合成によるところが大きいことや、われわれの衣食住や社会生活を豊かにするための新しい材料・製品の開発・製造に光化学が大きな役割を果たしていることが、現象論的に認識できたと思います。

　この認識を、光が係わる物質（分子）の挙動や現象、変化を理解する学術的な知識に進展させれば、それが応用力のある化学知識となると思います。

　本書では、このような「認識から知識へ」の進展のため、次のようなプログラムを組み、有機化合物を対象にした光化学の「基礎と実際」を学習していきます。

3-1　光化学のプロフィールと学習手順

　図3-1に示したように、「物質が光を吸収」して、最初に起こる現象は、光のエネルギーにより、物質を構成している分子の内で、あるエネルギー状態にある電子が「高いエネルギー状態に飛び上がる」現象です。その結果、分子は、初めの状態のエネルギーより高いエネルギーを持った、寿命の短い「不安定な状態」になります。

　この不安定な分子は、当然のことながら、安定な元の分子に戻ることになりますが、その戻り方には、幾つかの経路があります。

一つは、発光（蛍光、りん光）して戻る経路、一つは、他の分子や壁などと衝突し、それにエネルギーを移して戻る経路、もう一つは、熱を発散して戻る経路があります。このような経路では、分子自身の化学的変化はありませんから、物理過程になります。

これから学習しようとしている光「化学反応」は、この物理過程と競争して起こりますが、化学反応過程と物理過程との比率は、一般に、それぞれの分子

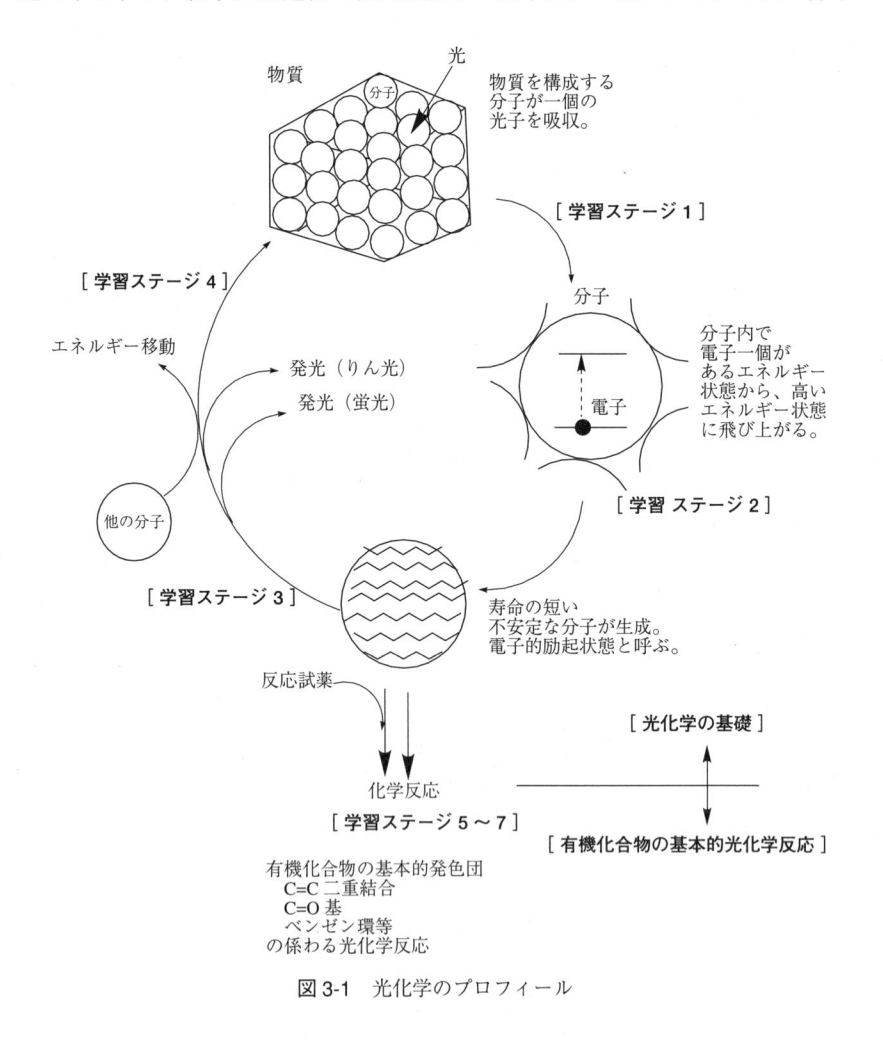

図3-1　光化学のプロフィール

の構造に依存します。

物理過程と競争する、基本的な有機化合物の光化学反応には、

(1) C＝C二重結合の反応
(2) カルボニル基の反応
(3) ベンゼン類の反応

がありますので、それぞれの反応を学習します。

なお、「得られた知識」を他の分野への応用に役立たせるためには、理解され身についた知識でなくてはなりません。したがって、光化学反応を理解するために、「反応の仕組み」に学習の力点を置いて解説します。

以上説明した光化学の基礎と基本的光化学反応を学習するために、本書は、「学習」を7つのステージに分けて、「積み上げ方式」により解説します。

なお、光化学は「電子」が対象になりますので、電子の所属する「軌道」と「エネルギー」についての理解を避けて通ることはできません。概念的ですが、必要に応じて説明します。

3-2　各手順の学習目的と内容

[学習ステージ1]（第4章）

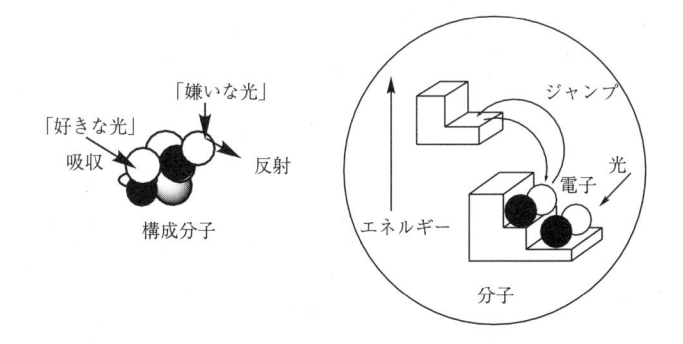

このステージでは、光の吸収により起こる、物質を構成している分子の中での「電子の動き」を現象論的に把握し、あわせてその電子の動きに係わる「法則」を学習します。

学習項目：
(1) 利用される光の種類と光源
(2) 物質に吸収された光によってのみ、物質が化学変化を起こすという法則（光化学第一法則）
(3) 光の吸収により、分子中の「あるエネルギー状態」にある電子が、それよりも「高いエネルギー状態（電子的励起状態）」へジャンプするという現象
(4) 電子的励起に関する法則（光化学第二法則）

[**学習ステージ2**]（第5章）

エチレンのC＝C二重結合をモデルにして、前のステージで現象論的に把握した「電子的励起」について、励起に関係する電子の軌道とそれに伴うエネルギーを解説し、電子的励起とその状態の電子配置などを具体的に学習します。

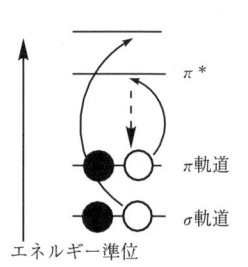

学習項目：
(1) エチレンの軌道と電子配置
(2) 電子的励起と励起の型（モード）
(3) 電子遷移に関する二つの重要な法則
(4) 電子的励起状態の寿命
(5) 励起状態がとりうる二つの電子配置（一重項状態と三重項状態）

[**学習ステージ3**]（第6章）

前ステージまでで、光を吸収した分子は、結合性軌道あるいは非結合性軌道にある電子が反結合性軌道に遷移して、寿命の短い、不安定な電子的励起状態

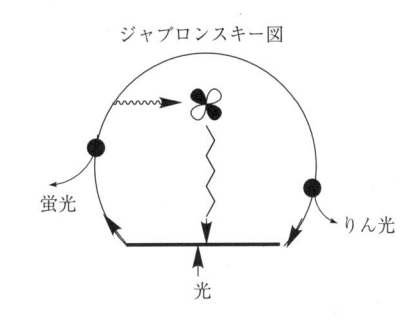

になることを説明しました。本ステージでは、この短寿命の状態の分子が、どのような物理過程を通って、元の状態の分子に戻るかを学習します。

学習項目：
(1) エネルギー状態図（ジャブロンスキー図）
(2) 異なる状態間の電子の遷移（内部変換、項間交差、蛍光、りん光）

[学習ステージ4]（第7・8章）

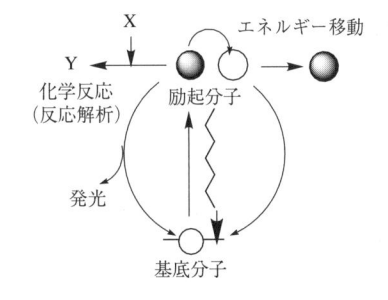

励起分子が、そのエネルギーを光に変えたり（発光）、熱に変換したりして、元の分子に戻る過程について、前ステージで学んだジャブロンスキー図を使って説明します。これらの過程は他の分子が関与しない、一分子過程ですが、励起分子が元の分子に戻る（失活）過程には、他の分子に励起エネルギーを移して失活する二分子過程もあります。このエネルギー移動の過程は、光化学では、大変重要な過程ですので、その過程の解説をし、さらに、エネルギー移動の定量的取扱いと実験的取扱いを学習します。

学習項目：
(1) 物理過程と競争して起こる化学反応
(2) 消光と光増感
(3) エネルギー移動の仕組み
(4) 消光実験による反応解析（Stern-Volmer式）
(5) 反応解析に必要な量子収率と光量計

[学習ステージ 5 ～ 7 の総括的内容]（第Ⅲ部）

　前ステージまでで、光化学の基礎の学習を終えましたので、本ステージでは、光化学反応を引き起こす有機化合物の官能基のなかで、その反応がほぼ体系化されている

　　C＝C 二重結合　　（学習ステージ 5）
　　＞C＝O 基　　　　（学習ステージ 6）
　　ベンゼン類　　　　（学習ステージ 7）

の関与する光化学反応について、典型的な、あるいは光化学反応でしか起こらない特異な反応を説明し、有機化合物を対象にした光化学反応の特徴を学習します。なお、学習した反応を広く応用できるようにするために、その反応の仕組み（反応機構）を、なるべく平易に解説します。

　また、有機天然物化合物の複雑な構造式を示しますが、これも光化学がいかに自然と密接な係わり合いがあるかを示す証のためと、光化学反応は複雑な大きな分子の中にあってもそのうちの官能基のみに反応が起こる「ピンポイント反応」であること、これが有機光化学反応の一つの特徴でもあることを理解するために、あえて記載しました。

　複雑な構造式を敬遠する前に、「美しく着飾った分子」と情緒的にとらえて、その中で光化学反応が起きていると考えれば、美しく着飾った分子であればあるほど、光化学の巧みさを再認識することになるでしょう。また、光化学反応には、反応に直接関与する活性な化学種として、ラジカル、イオンおよび電子的励起分子があります。不対電子を持つ原子または原子団がラジカルで、例えば、次頁に示すように、結合の開裂様式によってラジカルあるいはイオンが生成します。

　他方、光化学反応には、しばしば、ラジカル捕捉剤やイオン捕捉剤の添加でも反応が抑制されないような反応、すなわち、ラジカルやイオンが反応経路中に介在しない反応があります。そのような場合は、光励起した分子が直接反応して生成物を与えています。有機光化学反応を学習する場合、生成物の前駆体が、ラジカルか、イオンか、それとも励起分子なのかに焦点を絞って考えるの

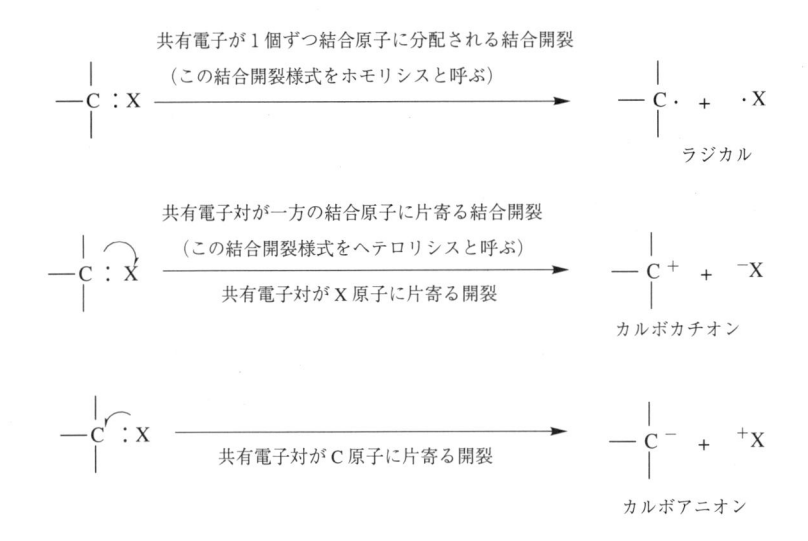

```
          共有電子が1個ずつ結合原子に分配される結合開裂
  |       （この結合開裂様式をホモリシスと呼ぶ）              |
—C : X   ─────────────────────────────→      —C・  +  ・X
  |                                                    |
                                                              ラジカル

          共有電子対が一方の結合原子に片寄る結合開裂
  |       （この結合開裂様式をヘテロリシスと呼ぶ）             |
—C⌒: X   ─────────────────────────────→      —C⁺  +  ⁻X
  |           共有電子対がX原子に片寄る開裂             |
                                                              カルボカチオン

  |                                                    |
—C⌒: X   ──── 共有電子対がC原子に片寄る開裂 ────→    —C⁻  +  ⁺X
  |                                                    |
                                                              カルボアニオン
```

も、有機光化学反応を興味深くするのに役立つでしょう。なお、励起分子が直接反応に関与する例としては、後述する E-Z 異性化、環状電子反応などがあります。

[学習ステージ5]（第9・10章）

　C＝C二重結合を一つ持った化合物がもっとも簡単なアルケンです。p軌道とσ軌道から構成されている二重結合の周りの結合回転は束縛されており、その結果、幾何異性が起こることや、アルケンの典型的な反応が付加反応（ラジカル、求電子試薬、カルベンなどの付加やDiels-Alder反応など）であることは、通常の有機化学ですでに学習していることでしょう。

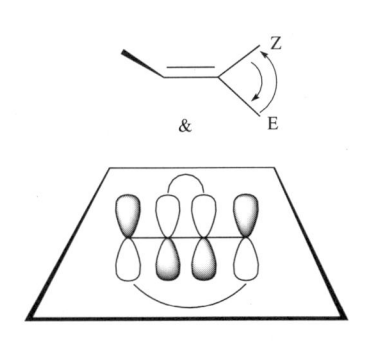

　このようなアルケンが光を吸収すると、π, π^* 電子遷移が起こり、それに伴う光化学反応が期待されます。最も代表的な光化学反応は幾何異性（E-Z 異性

化）とそれに関連する反応です。

　また、C＝C結合の電子の動きが単純オレフィンとは異なる共役ポリエンでは、オレフィンの光化学反応とは異なる協奏的環化が特異的反応になることを学習し、さらに、分子構造によって光化学反応が変わる場合があることも本ステージで解説します。

　学習項目：
(1)　単純オレフィンの基本的反応・E-Z異性化と実例
(2)　環状オレフィンへのアルコール付加
(3)　環化付加と実例
(4)　ポリエンの特異的反応と実例

[学習ステージ6]（第11章）

　カルボニル基を持つケトン、アルデヒドなどカルボニル化合物の光化学は、今日までに広範囲にわたって系統的に研究され、学問的にも体系化されており、フォトポリマーなどの実用面への利用も盛んに行われています。

　カルボニル基の励起状態には、n, π^*状態とπ, π^*状態がありますが、本書では、オレフィンではありえないn, π^*状態を中心にして基本的事項を説明します。

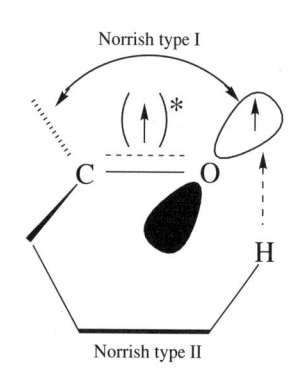

　その基本的事項として、電子配置と反応性、電子配置から予想できる水素引抜き反応とα-開裂反応、オレフィン同様に起こるアルケンとの環化付加について説明します。

　次いで、カルボニル基の中の電子の動きに直接影響が及ぶC＝C二重結合と共役した共役エノン、さらには、共役エノンがカルボニル基で交差している交差共役ジエノンの特異的な反応、および分子構造により光化学反応が変わることを学習します。

学習項目：
(1) カルボニル基の電子配置
(2) n, π*状態での水素引抜き反応：ノリッシュⅡ型反応
(3) n, π*状態でのα-開裂：ノリッシュⅠ型反応と実用例
(4) パテルノ・ビュッヒ反応
(5) π, π*状態での還元反応
(6) 共役エノンの光化学的挙動
(7) 交差共役ジエノンの光化学と実例

[学習ステージ7]（第12章）

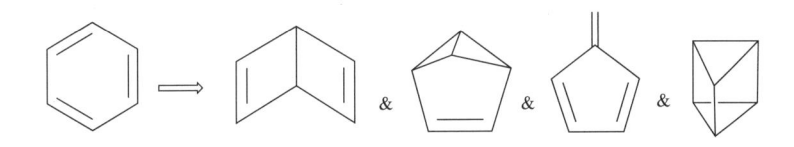

　ベンゼン類の持つ不飽和性と化学的安定性の二面性は、芳香環の共鳴安定化で説明されます。そのように共鳴安定化しているベンゼン環が、光の吸収により、結合の組換えをして、芳香族性のない異性体に異性化（非芳香族化）し、それに伴って、化学的に不安定となり、特異な化学反応を起こすことを学習します。
　この異性体には、上に示すようにベンズバレン、デュワーベンゼン、ラーデンブルグベンゼンおよびフルベンがあります。ベンズバレンが一番生成しやすいのですが、いずれも熱的に不安定であり、特殊な置換基を持った置換体以外は単離することはできません。しかし、ベンゼン類の光化学反応では、反応中間体としてベンズバレンを経る反応が多いことから、重要なベンゼンの異性体です。
　さらに、複素環芳香族化合物でも同様な光化学的特異反応が起こることを説明します。
　本ステージでは、ベンゼンを中心とした芳香族化合物の光化学的に特有な挙

動を学習し、あわせて「共鳴」がいかに化合物の安定性に寄与しているかを改めて考えます。

学習項目：
(1) 芳香環の結合組換え
(2) 原子価異性体・ベンズバレンへのアルコール付加
(3) 原子価異性化による見かけの転位反応
(4) 励起状態における芳香環置換基の「メタ伝達」

以上のような学習プログラムで、光を吸収した分子の変化の様子、その基盤となる電子遷移のことや、励起状態がいろいろな現象を伴って元の分子に戻る物理的諸過程と競争して化学反応が起こること、その光化学反応はC＝C二重結合、カルボニル基およびベンゼン環類の反応が基盤であることを、学習します。

第 II 部

光化学の基礎

　光の吸収で起こる分子の電子的励起とその励起状態の物理的、化学的挙動を学ぶ学問が光化学です。この第 II 部では、光化学を理解するために、知っておかねばならない基本的事項として、使用する光源、電子的励起状態とその状態がたどる過程、電子励起に伴う法則、励起エネルギーの移動、光化学反応効率と測定法、さらにこの効率に基づく基礎的な反応解析を学習します。

第4章

光の吸収で何が起こるのか

　この章では、光の種類と光源に関する基礎知識を学び、光の吸収により高いエネルギー状態へ分子内の電子がジャンプして短寿命の不安定な励起状態が生ずる現象を把握します。

4-1　光の種類と光源

4-1-1　光の分類

　波長により、光は次のように分類されます。
　a）紫外光（ultraviolet light）：1〜380 nm
　　　真空紫外光（vacuum ultraviolet light）：1〜200 nm
　　　遠紫外光（far ultraviolet light）：200〜300 nm
　　　近紫外光（near ultraviolet light）：300〜380 nm
　b）可視光（visible light）：380〜760 nm
　　　380→紫→青→緑青→青緑→緑→黄緑→黄色→橙→赤→760 nm
　c）近赤外光（near infrared light）：760 nm〜2.5 μm

　さらに長波長光として、赤外光、遠赤外光がありますが、有機化合物の光化学反応には、一般に250〜760 nm の光、特に近紫外光、可視光を使う場合が多いのです。

また、紫外光について以下に示す分類もあり、光医学分野で一般に使われています。

UV-A：400〜315 nm

UV-B：315〜280 nm

UV-C：280 nm 以下

光化学療法（photochemotherapy）には、皮膚癌を引き起こす恐れのある短波長の UV-C や UV-B の紫外光は使用されず、主に UV-A 紫外光が使われます。

4-1-2　光源（light source）

光源を大別すると、自然光源（natural light source, 太陽）と人工光源（artificial light source）になりますが、本書では、その波長特性から、ある幅の波長域の光を同時に放出する連続スペクトル光源と、単一の波長の光を放出する線スペクトル光源とに分類し、研究室などで一般に使用されている光源と特殊光源であるレーザーについて簡単に説明します。

近年よく使われているシンクロトロン放射光については、他の専門書を参考にして下さい。

a）連続スペクトル光源

(1) 太陽光（sunlight）

地理的条件や気象条件などにより変動しますが、地上で利用できる波長域は

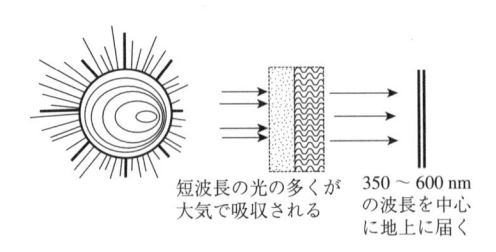

図4-1　太陽光とその吸収

350〜600 nm です（図 4-1）。

　太陽光を利用した歴史的な研究があります。それは、ベンゾフェノンを 2-プロパノールに溶かして、太陽光を照射すると、数日で結晶のベンズピナコールが析出してくることを 1911 年に G.Ciamician と P.Silber が発見したことです（式 4.1）。この発見は、有機化合物を対象にした光化学（有機光化学）のルーツと言っても過言ではないでしょう。

$$\text{ベンゾフェノン (benzophenone)} \xrightarrow[\text{(2-プロパノール)}]{\text{太陽光}} \text{ベンズピナコール (benzpinacol)} \tag{4.1}$$

　この反応の仕組みは、その後 1959 年に明らかにされました。概要は、ベンゾフェノンが光吸収して励起し、カルボニル基（$>C=O$）の酸素原子が 2-プロパノールの水酸基が結合している炭素（カルビノール炭素）上の水素を水素原子として引抜くことから、反応は始まります（詳細は 11 章参照）。

(2) タングステンランプ（tungsten lamp）

　タングステンランプは、高融点（3400℃）のタングステンのフィラメントに通電加熱し、その熱放射を利用するもので、可視から近赤外までの連続的な光が利用できます。タングステンランプには次の 2 種類があります。

　①白熱電球（incandescent lamp）

　一般にはフィラメントにタングステンを用い、アルゴンと窒素が封入されています。

　②ハロゲンランプ（halogen lamp）

　普通の白熱電球は、蒸発したタングステンが電球の内壁に沈着して電球が「黒化」します。その黒化防止とフィラメントの寿命を長くするために、封入ガスとして、アルゴン、窒素に微量のハロゲンガス（ヨウ素、臭素あるいは塩素）を混入させたランプがハロゲンランプです。

ハロゲンの作用機構は、次に示した「ハロゲンサイクル」で説明されます。

$$\boxed{\begin{array}{l} \longrightarrow W\,(蒸発) + X_2 \rightarrow WX_2 \hspace{2cm} (化合) \\ \hspace{0.5cm} WX_2\,(高温) \rightarrow W\,(フィラメントに沈着) + X_2 \hspace{0.3cm} (解離) \end{array}}$$

すなわち、蒸発したタングステンがハロゲンと反応してハロゲン化タングステン(WX_2) となり (この過程を「化合」と呼びます)、WX_2 は高温のフィラメント上で W とハロゲンに分解し (この過程を「解離」と呼びます)、W はフィラメント上に沈着します。この化合と解離が繰り返されるので「ハロゲンサイクル」と呼びます。

(3) キセノンランプ (xenon lamp)

キセノンランプは、数 MPa のキセノンガスを封入したアークランプで 200 nm から近赤外までの連続スペクトルを放射する、放射強度の高いランプです。キセノンランプは、アークの長さから、

・ショートアークランプ (アーク長が 10 mm 以下)
・ロングアークランプ

に分けられています。このランプを光化学反応や量子収率測定 (p.64) などに使用する場合は、モノクロメーターやフィルターと組み合わせて、必要とする単色光あるいは波長域の光を取り出して利用します。

b) 線スペクトル光源

有機光化学で、最も一般的に用いられている光源は、水銀ランプ (mercury lamp) です。水銀ランプは、石英管中に希ガス (Ne, Ar) と水銀蒸気を封入して、電極間に高電圧をかけて、アーク放電させることにより、185〜700 nm の光を放射しますが、放射波長パターンは、水銀蒸気圧により大きく変わります。点灯中の水銀蒸気圧により、低圧水銀ランプ、高圧水銀ランプ、超高圧水銀ランプの 3 種類に分類されます。

(1) 低圧水銀ランプ (low pressure mercury lamp)

点灯中の水銀蒸気圧が約 2〜130 Pa であり、主に下記の水銀共鳴線を利用

する線スペクトル光源です。

　184.9 nm（真空紫外域であり、有機化合物の溶液の光化学反応には利用
　　　　　できない）
　253.6 nm
（2）高圧水銀ランプ（high pressure mercury lamp）

点灯中の水銀蒸気圧が約 1000 hPa 〜 6000 hPa であり、広く使用されている光源で、近紫外から可視まで発光します。特に近紫外では 313 nm と 365 nm の光強度が強いランプで、この波長を利用します。なお、このランプを"medium pressure mercury lamp"と呼ぶ場合もあります。

（3）超高圧水銀ランプ（extra-high pressure mercury lamp）

点灯中の水銀蒸気圧が約 1 万 hPa 以上に設定されたランプで、スペクトル線幅は広くなり、光量も強く、300 nm 以上近赤外領域までの波長が利用されます。

c）レーザー光

レーザー（laser）は"light amplification by stimulated emission of radiation"「誘導方式の放出による光の増幅」の英文の頭文字を綴った合成語です。

（1）特徴

レーザー光は、1) 単色性に優れている、2) 光強度が強い、3) パルス光源の場合は、パルス幅が極めてせまい（ナノ秒：10^{-9} sec, ピコ秒：10^{-12} sec）などの特性があります。

（2）応用例

レーザー光の特性を生かした幾つかの応用例を紹介します。

有機化学分野では、単色性に優れているため特定の分子のみを選択的に励起できる特性を利用して、ラセミ体の光学分割やビタミン D の合成などに用いたり、パルス光源の特性を生かして、光化学反応の仕組み（機構）の研究において、反応過程中に介在する不安定中間体の情報を得るための光源などに利用されています。

材料化学分野では、2 個以上の光子を分子が一度に吸収する多光子吸収を利

> **コラム 2**
>
> ### 光源の「明るさ」
>
> 「光度 (luminous intensity)」や「輝度 (brightness)（明るさ）」は、人間の目に「どう感じるか」を表す量であり、単純な物理量ではありません。人間の視覚特性に依存します。視覚の分光感度は、黄や緑付近の光を最も感じやすく、紫や赤になるにつれて感度は弱くなります。したがって、光子の数が同じであっても、黄や緑付近の光は明るく感じることになり、この場合、黄や緑付近の「光度」は高いことになります。光度は、視覚の分光感度特性を基盤にした光源の明るさを表すもので、その単位は cd（カンデラ、candela．ラテン語の「ローソク」の意味）であり、一本のローソクの明るさに相当しますが、定量的取扱いは、かなり複雑になります。なお、単位面積当たりの光度は輝度と定義されており、単位は cdm^{-2} です。ともあれ、人間の感覚を基盤にした量を規格化することは複雑なことのようです。発光素子の分野では必要ですが、光化学の分野では、光子数とか波長が重要で、光源の明るさは、あまり必要としません。
>
> （「光と化学の事典」参照）

用した超 LSI（大規模集積回路）技術への利用、気相から目的物質を堆積させて表面加工する化学蒸着法（CVD）への利用による金属・半導体薄膜などの作成にレーザー光が使用されています。

　医療分野では、レーザー治療（laser therapy）として、眼底網膜の光凝固治療、赤い色素のヘマトポルフィリン（HpD）を用い光酸化反応を利用した癌治療、また、歯科治療、あざの除去などに応用されています。

(3)　種類

　媒体により、次のように、気体レーザー、液体レーザー、固体レーザーと半導体レーザーに分類されます。

　　①　気体レーザー（gas laser）

　例えば、窒素レーザー（nitrogen laser）は 337.1 nm を発振、エキシマーレーザー（excimer laser）としては、KrF（248.4 nm を発振）、XeCl（308.0, 308.2 nm を発振）などがあります。

　　②　液体レーザー（liquid-state laser）

例えば、ローダミン 6G のアルコール溶液を発振材として、565〜620 nm を発振するレーザーとか、フルオレッセインアルコール溶液を使用して、525〜595 nm を発振するレーザーなどがあります。

　③　固体レーザー（solid-state laser）

例えば、ルビーレーザー（ruby laser）は 694.3 nm を発振します。Nd：YAG レーザー（Nd：YAG laser）は 1064 nm を発振しますが、このレーザーは、$Y_3Al_5O_{12}$（yttrium aluminium garnet）結晶に Nd^{3+} イオンを約 1% 含めた結晶を発振材としており、一般に広く利用されている固体レーザーです。

　④　半導体レーザー（diode laser）

例えば、GaN 系のレーザーは 406 nm を発振し、ZnSe 系のレーザーは 485〜540 nm を発振します。

4-2　物質を構成する分子内での電子移動

4-2-1　「波動・粒子」二面性の光子

　光は、「波動説」あるいは「電磁波説」で説明されているように、振動しながら空間中を伝播する電磁波でもあるし、電子が光によって跳ね飛ばされる事実（コンプトン散乱）からして、粒子でもあります。したがって、光は波動と粒子の二面性を持っていることになります。粒子

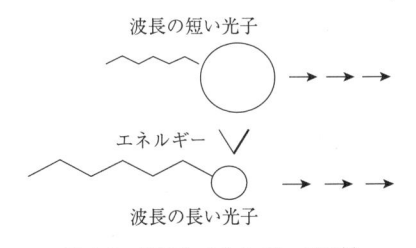

図 4-2　波長とエネルギーの関係

として取扱う場合に、その粒子を「光子（photon）」と呼んでいます。電磁波である光子は当然ながら、エネルギーを持っており、その 1 個当たりのエネルギーは光の振動数（ν）に比例する $h\nu$（h：プランク定数）で表されます。波長（λ）（$\lambda = c/\nu$：c は光速）で考えると、短い波長の光のほうが、長波長の光

より光子のエネルギーは高いことになります（図4-2）。

4-2-2　吸収される光子の波長選択性

　光を物質に照射した場合、物質を構成している分子により、ある波長範囲の光だけがその物質に吸収されます。ほかの光は吸収されません（図4-3）。

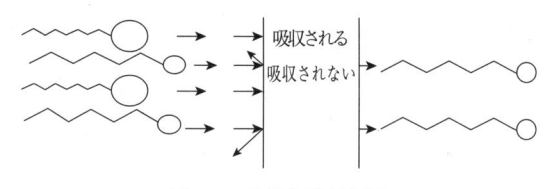

図4-3　吸収と波長範囲

4-2-3　電子が高いエネルギー状態にジャンプ

　吸収された光は、分子中に存在する電子の運動に大きな変化を与え、電子は光のエネルギーに相当する分だけエネルギーの高い状態に移ります（励起状態）。初めの状態（基底状態）とは異なった状態となり、多様な挙動を示すようになります。

4-3　短い寿命の不安定な状態の生成

4-3-1　電子的励起状態の生成

　有機分子の電子は、結合に寄与している結合性軌道（たとえば、カルボニル基のC＝Oのσ軌道とπ軌道）や結合に直接に関係していない非結合性軌道（たとえば、カルボニル基の酸素原子の非結合性軌道：n軌道）にすべて存在しています（11章図11-1参照）。この分子に光が吸収されると、これらの軌道から、

結合生成に寄与しない反結合性軌道に電子がジャンプします。このジャンプが電子的励起（electronic excitation）であり、ジャンプした状態が「電子的励起状態」（electronically excited state）と呼ばれている寿命の短い（ナノ秒、10^{-9} sec 領域）状態です。この状態を含めての電子的励起状態を取扱う学問が「光化学」であり、それに伴う化学反応（物質の変化）が「光化学反応」です。有機分子を対象にした場合を「有機光化学反応」と呼んでいます。

電子的励起に関する法則が二つあります。

4-3-2 二つの法則

a) 光化学第一法則（the first law of photochemistry）

Grotthus-Draper law（1841年）とも呼ばれますが、その法則とは「物質に吸収された光のみが化学変化を起こしえる」というものです。

当然のことのようですが、最も重要な法則で、物質に光を照射すれば必ず光化学反応が起こるのではなくて、光が吸収されてはじめて反応が起こりうるということです。

b) 光化学第二法則（the second law of photochemistry）

光化学当量の法則、あるいは Stark-Einstein law（1912年）とも呼ばれていますが、その法則とは「1個の光子を吸収して、1個の分子が反応する」というものです。

この法則に基づいて、後述する光化学反応の効率の尺度である「量子収率」が算出されます。

しかし、レーザー光のように、光の強度（単位時間に単位面積当たりを通過する光子数）が非常に強い場合（1個の分子が同時に2個以上の光子を吸収する多光子吸収の場合）は、この第二法則は成立しなくなりますが、太陽光や通常の実験光源ではこの法則は成立します。

第二法則に関連して、光子の持つエネルギーは次のようになります。

光子1個のエネルギー：ε

プランク定数 $(6.626 \times 10^{-34} \text{Js})$：$h$

光子の振動数 (s^{-1})：ν

光子の波長 (nm)：λ

真空中の光の速度 $(2.998 \times 10^8 \text{ms}^{-1})$：$c$

$\varepsilon = h\nu = hc/\lambda = 1.986 \times 10^{-16}/\lambda$ J

化学における通常の定量的な計算では、分子1個を対象としないで、アボガドロ定数N個の分子の1 molを対象にします。同様にして、光子についてもアボガドロ数N個を対象にして光のエネルギーを表すことが多く、その単位を「1 アインシュタイン (einstein)」と呼んでおり、単位は kJ mol^{-1} です。

1 アインシュタイン $= Nh\nu = 1.196 \times 10^5/\lambda$ kJ mol^{-1}

4-3-3 励起エネルギーによる結合の開裂

吸収した光子のエネルギーが結合の開裂に利用される典型的な例として、アルカンのラジカル塩素化があります。この場合、塩素分子を塩素原子に解離させるのに、熱あるいは光のエネルギーを使用しますが、反応が塩素原子を担体としたラジカル連鎖反応であることはよく知られています。

$$\text{RH} + \text{Cl}_2 \xrightarrow{\text{熱}(\Delta)/\text{光}(h\nu)} \text{RCl} + \text{HCl} \tag{4.2}$$

$$\text{Cl}_2 \xrightarrow{h\nu} 2\text{Cl} \tag{4.3}$$

$$\text{Cl} + \text{RH} \longrightarrow \text{R}\cdot + \text{HCl} \tag{4.4}$$

$$\text{R}\cdot + \text{Cl}_2 \longrightarrow \text{RCl} + \text{Cl} \tag{4.5}$$

光を用いる場合、どのくらいの波長の光が必要であるかは、第二法則を利用し、励起エネルギーが全て結合解離に使用されると仮定して、次のように算出されます。

Cl—Cl の結合解離エネルギー：242.7 kJ mol^{-1}

このエネルギーに相当する光の波長 (λ) は：

$\lambda = 1.196 \times 10^5 / 242.7 = 492$ nm

したがって、492 nm 以下の光であれば塩素分子を原子に解離させることができることになりますが、ここで重要なことは塩素が光を吸収しなければならないことです（光化学第一法則）。塩素分子（気体）の光の極大吸収波長は 332 nm で、400 nm 付近になると、吸収が非常に少なくなることから、塩素分子の解離には、330 nm 近辺の光（紫外線）が必要かつ有効であることになり、実際にも、そのような波長を放射する光源（例えば水銀ランプ）が使用されています。

臭素による、同様なラジカル臭素化における必要な光の波長は、

Br—Br の結合解離エネルギー：192.5 kJ mol^{-1}

このエネルギーに相当する光の波長（λ）を算出すると：

$\lambda = 622$ nm

この場合も、臭素による光吸収を考慮しなければなりません。臭素分子（気体）の極大吸収波長は 417 nm で、500 nm 付近までは比較的吸収は大きいが、600 nm になると吸収は非常に少なくなります。したがって、紫外線を必要とした塩素化の場合とは異なり、長波長の 400 〜 500 nm の光（可視光）で十分であることになり、実際に、タングステンランプが使用されます。

なお、アルカンの光ヨウ素化は一般には行われません。その理由は、アルカンのヨウ素化は、塩素化や臭素化と異なり、吸熱反応で起こりにくいことと、生成したヨウ化物が光分解しやすいからです。

> コラム3

光化学スモッグ (photochemical smog)

　光化学スモッグは、単なる気象現象として片付けられる問題ではなくて、人間の活発な生活活動に対する自然の警鐘だと思います。

　ともあれ、光化学スモッグについて簡単に説明しましょう。

　自動車排気ガス、産業排ガスなどから排出される窒素酸化物 (NO_x)、非メタン揮発性有機化合物 (non-methane volatile organic compounds, NMVOC) の濃度が～ 100 ppb 以上の高濃度になったところに太陽光 (成層圏のオゾンによる吸収のため、対流圏に到達する波長は 295 nm 以上) が照射されると、「OH/HO_2 ラジカル連鎖反応」が活発に起こり、数時間の内にオゾンやその他の光化学オキシダントが 100 ppb 以上になり、人間や、樹木、農作物などに被害を及ぼすようになります。この現象を光化学スモッグと呼んでいます。ここで、光化学オキシダントには、オゾン、パーオキシアセチルナイトレート (PAN, $CH_3C(O)O_2NO_2$)、過酸化水素などがありますが、光化学オキシダントの 90 % はオゾンが占めます。

　「OH/HO_2 ラジカル連鎖反応」は、成層圏から下降してきたオゾンの光分解による励起酸素原子 [$O(^1D)$] の生成に始まり、OH ラジカルや HO_2 ラジカルが次のようにして生成します。

　　　$O_3 + h\nu\ (295～330\,\mathrm{nm}) \longrightarrow O_2 + O(^1D)$
　　　$O(^1D) + H_2O \longrightarrow 2OH$

このヒドロキシラジカルの大気中の寿命は約 1 秒と長いので、CO などと反応して水素原子や他のラジカルを生成しますが、特に重要な反応は CO との反応による H 原子の生成です。生成した H は酸素と反応して HO_2 ラジカルを与えます。

　　　$OH + CO \longrightarrow CO_2 + H$
　　　$H + O_2 \longrightarrow HO_2$

同様にして、H 原子以外のラジカルは酸素と反応して、過酸化ラジカルになり、それらが対流圏中に多く含まれる NO と反応して NO_2 を与えます。たとえば、

　　　$HO_2 + NO \longrightarrow OH + NO_2$

生成した NO_2 は光分解 (295～400 nm の光) して、NO と酸素原子となり、酸素原子は酸素分子と反応して、オゾンを生成します。

　　　$NO_2 + h\nu \longrightarrow NO + O$
　　　$O + O_2 \longrightarrow O_3$

　また、OH ラジカルは NO_2 や SO_2 と反応して硫酸、硝酸となり酸性雨の原因となります。

　以上が光化学スモッグ発生機構の概略です。

(「光と化学の事典」参照)

第 5 章

電子の動き
——電子遷移

　本章では、エチレンの C＝C 二重結合をモデルにして、原子と原子との結合に直接関係する軌道（結合性軌道）、あるいは結合に直接関係しない軌道（非結合性軌道）から、電子が高いエネルギーを持った、結合生成に寄与しない軌道（反結合性軌道）にジャンプする電子的励起（電子遷移）を具体的に説明します。また、電子遷移に関する重要な法則と励起状態が取り得る二つの電子配置も説明します。

5-1　エチレン（$H_2C＝CH_2$）をモデルとして

5-1-1　炭素－炭素二重結合における電子配置

　二重結合を持っている有機化合物の中で、最も簡単な分子がエチレンです。エチレン分子の形（構造）は、エチレンを構成する H と C が全て一つの平面（sp^2 軌道平面）上にあり、炭素の残りの p 軌道は、その平面に垂直に位置しており、隣の炭素の p 軌道と重なり合い、2 つの電子が対になって、結合（π結合）を作っています。

　図 5-1 に示したエチレンの C＝C 二重結

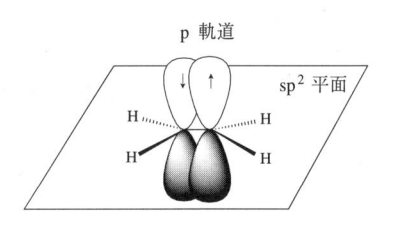

図 5-1　エチレンの構造

```
       ↑                ─── σ*反結合 ┐ 反結合性軌道
      (LUMO)            ─── π*反結合 ┘ (anti-bonding orbital)

      (HOMO)            ↑↓  π結合    ┐ 結合性軌道
                        ↑↓  σ結合    ┘ (bonding orbital)

 軌道のエネルギー準位
```

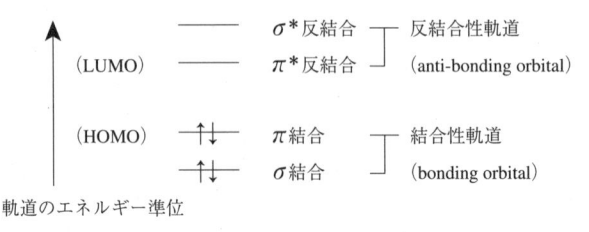

図5-2　エチレンの炭素—炭素二重結合に関する軌道のエネルギー準位

合に関係する4個の電子の並べ方、すなわち電子配置（electronic configuration）および結合性軌道と結合生成には寄与しない反結合性軌道のエネルギー準位を、↑↓を電子対として図示すると、図5-2のようになります。ここで、↑↓は電子のスピンの方向を示します（5-4参照）。

この図でわかるように、電子は2個ずつ、互いに電子スピンの向きを変えて、2つの結合性軌道に入っています。この状態は、全電子エネルギーが最も低く安定な状態であり、基底状態（ground state）と言います。

なお、結合性軌道の一番エネルギーの高い軌道を最高被占軌道（highest occupied molecular orbital, HOMO）と言い、反結合性軌道の最低のエネルギーの軌道を最低空軌道（lowest unoccupied molecular orbital, LUMO）と言います。

5-1-2　電子的励起 (electronic excitation)

基底状態のエチレンに光が吸収されると、HOMOの電子1個がLUMOに励

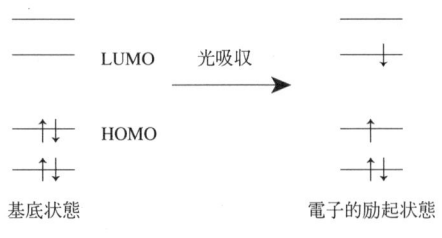

```
        ───   LUMO    光吸収        ↑
                     ─────→
        ↑↓    HOMO                  ↑
        ↑↓                          ↑↓
       基底状態                  電子的励起状態
```

図5-3　エチレンの光吸収による電子的励起

(↑、↓は電子)

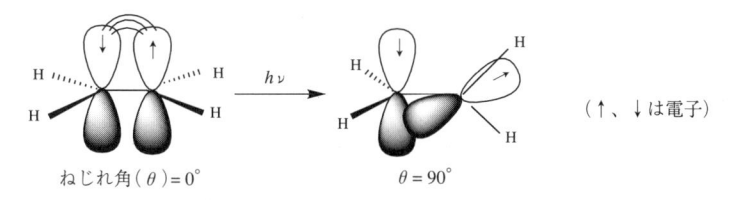

図 5-4　エチレンの最安定時のねじれ角

起 (electronic excitation) し、電子配置が基底状態とは異なった電子的励起状態（electronically excited state）になります（図 5-3）。

では、電子的励起でエチレン分子の形がどのように変わるかを、2 つの炭素の p 軌道の様子（p 軌道-p 軌道がつくる角度：ねじれ角（twist angle））で見てみます。

模式図を図 5-4 に示しました。基底状態では、「ねじれ角」は 0°ですが、電子的励起状態では 90°が最も安定な状態になります（詳しくは、p.77 の E-Z 異性化を参照）。このことは、基底状態では軌道の重なり合いにより、2 個の電子は 2 つの炭素上に非局在化（delocalization）していますが、励起状態では、それぞれの電子はそれぞれの炭素上に局在化（localization）していることを示しています。

エチレンの電子配置が、基底状態と励起状態で異なることがわかったと思いますが、この相違から、それぞれ異なった化学反応が起こるであろうことが予想できます。

5-2　電子遷移に関係する二つの重要な事項

前節で述べた電子的励起に関係して、二つの重要な事項、「フランク・コンドン原理」と「スピン禁制遷移」があります。

5-2-1　フランク・コンドン原理 (Franck-Condon principle)

　電子遷移に要する時間は $10^{-15} \sim 10^{-16}$ 秒と原子核の運動（結合振動の速度は 10^{-14} 秒程度）より速く、したがって、電子遷移が起きている間は、原子核の位置とか運動量は変化しない、すなわち、原子核は静止していると見てよい。これがフランク・コンドン原理です。

　また、この原理に関連して、電子的励起直後の状態を、フランク・コンドン励起状態と言います。例えば、前節でエチレンの分子構造について、2つのp軌道のつくる「ねじれ角」は、基底状態では0°、励起状態では90°が最も安定であることを述べましたが、フランク・コンドン励起状態の「ねじれ角」は基底状態と変わらずに0°です。しかし、この状態は不安定なため、次いで炭素―炭素間結合の回転が起こり、90°回転して準安定化した状態になると考えます。

5-2-2　スピン禁制遷移 (spin-forbidden transition)

　電子遷移においては、一般に遷移の前後では電子のスピンは変わりません。言い換えれば、基底状態（一重項状態：後述）から三重項状態（後述）への遷移は、禁制遷移で、ほとんど起こらないということです。ただし実際には、ハロゲン等の重原子、基底状態の酸素やNOのような常磁性物質の存在、カルボニル化合物のような非結合性孤立電子対の存在により、一重項状態と三重項状態との混じり合いが起こり（スピン―軌道相互作用：spin-orbital interaction）、一重項状態と三重項状態間の電子遷移が許容になります。

5-3　電子遷移のモード

　基底状態から電子的励起状態への電子の遷移には、4種類の型（モード）が

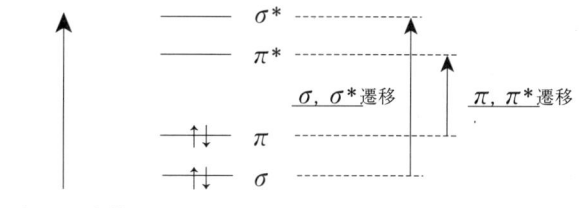

図 5-5　エチレンにおける電子遷移のモード

表 5-1　n, π* 遷移と π, π* 遷移の主な相違

項　目	n, π*	π, π*
モル吸光係数 ε (M^{-1}cm^{-1})	< 100	> 1,000
吸収スペクトル 無極性溶媒⇨極性溶媒	短波長側に移動 （ブルーシフト）	長波長側に移動 （レッドシフト）
励起状態寿命 τ_f (sec)	> 10^{-6}	10^{-9} ～ 10^{-7}

あり、その4種類を電子遷移エネルギーの順に並べると次のようになります。

　　$\sigma, \sigma^* >$ n, $\sigma^* > \pi, \pi^* >$ n, π^*

　ここで、σ, σ^* とは、1個の電子が、結合性軌道 σ から反結合性軌道 σ^* に遷移することです。同様にして、非結合性軌道 n から σ^* への遷移が n, σ^*、結合性軌道 π から反結合性軌道 π^* への遷移が π, π^* であり、n から π^* への遷移が n, π^* です。なお、電子遷移に必要なエネルギーは σ, σ^* が最も大きく、上に示した順序で小さくなります。

　図 5-5 にエチレンの炭素―炭素二重結合における電子遷移を示します。なお、エチレンには非結合性軌道がありませんので、n, σ^* や n, π^* 遷移は存在しません。

　有機化合物を対象にする光化学（有機光化学）では、π, π^* 遷移と n, π^* 遷移を取扱うことが多いのですが、両者には相違点がありますので、その主なものを表 5-1 に示しました。

ここで、モル吸光係数は電子遷移のしやすさの尺度ですから、大きいπ, π^*遷移の方がn, π^*遷移よりも起こりやすいことになります。他方、励起状態での化学反応は、反応の速度との兼合いになりますが、励起状態の寿命が長いn, π^*状態の方が起こる確率が大きくなります。なお、n, π^*遷移については11章で詳しく説明します。

5-4　二つの電子状態
──一重項状態と三重項状態

　原子核の周囲を飛び回っている電子はパウリの排他原理（Pauli's exclusion principle）により、「スピン量子数を含んだ4種類の量子数（主、方位、磁気、スピン）で決まる1つの電子状態は、1個の電子しかとり得ない」という規則に従っています。スピンの方向を矢印↑と↓で表しますと、一般に偶数の電子を持っている有機分子の全ての電子は、スピンの方向が逆平行（↓↑）になって対を作っています。このように、全ての電子が逆平行で対ができている状態を一重項状態［基底一重項状態（singlet ground state）か励起一重項状態（excited singlet state）］と呼んでいます。これに対して、スピンが同方向の対（↑↑）ができる状態を三重項状態（triplet state）と呼びます。このように、電子スピンの対や方向で決まる状態をスピン多重度（spin multiplicity）と言います。

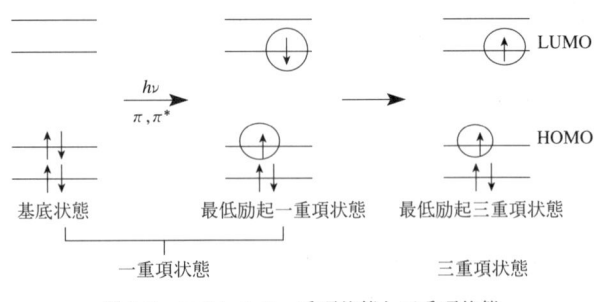

図5-6　エチレンの一重項状態と三重項状態

表 5-2　一重項状態と三重項状態との主な相違点

項目	一重項	三重項
同じ電子配置のエネルギー	三重項より高い	一重項より低い
寿命	$10^{-5} \sim 10^{-9}$sec	$10^{-3} \sim 10^{-5}$sec
磁性	反磁性	常磁性（酸素、NO などラジカル捕捉剤で捕捉される）

　前と同じように、エチレンを例にとって軌道エネルギー準位と電子スピン状態を図 5-6 に示します。

　丸で囲んだ電子（矢印）に注目してください。この図でわかるように、最低励起一重項状態は、異なる 2 つの分子軌道（HOMO と LUMO）に電子 1 個ずつがスピンを逆平行にして入り、三重項状態はスピンを平行にして入っています。

　一重項状態と三重項状態とを比較しますと、幾つかの相違がありますが、その主なものを表 5-2 に示しました。

第6章

励起状態がたどる過程
——ジャブロンスキー図

　前章までで、分子が光を吸収すると、結合性軌道に存在する電子1個が反結合性軌道に電子スピンを変えないで遷移し、元の状態（基底状態）より高いエネルギーを持った短寿命の電子的励起状態が生成することを説明しました。この励起状態にある分子は、いろいろな物理過程を経て、元の安定した状態（基底状態）に戻りますが、本章ではその諸過程を説明します。

6-1　エネルギー状態図と諸過程

　縦軸にエネルギー、横軸にスピン多重度（一重項、三重項）を左右に分けて描いたエネルギー状態図をジャブロンスキー図（Jablonski diagram）と呼んでいます。この図は、電子的励起状態がたどる多様な物理過程を説明するのに便利です。

　図6-1で、太横線は電子エネルギー準位（S_0, S_1, …, T_1 等。ただし、Sは一重項、Tは三重項状態を表し、添字の数字 $_{0, 1, 2 …}$ は一連の電子エネルギー準位を区別する番号）、細横線は振動エネルギー準位を示します。振動エネルギー準位より細い短い横線は回転エネルギー準位ですが、エネルギー状態図の説明には特に必要ないので、省きました。

　ジャブロンスキー図を使って、励起状態がたどる過程を、光吸収から順を追って説明します。

第6章 励起状態がたどる過程　47

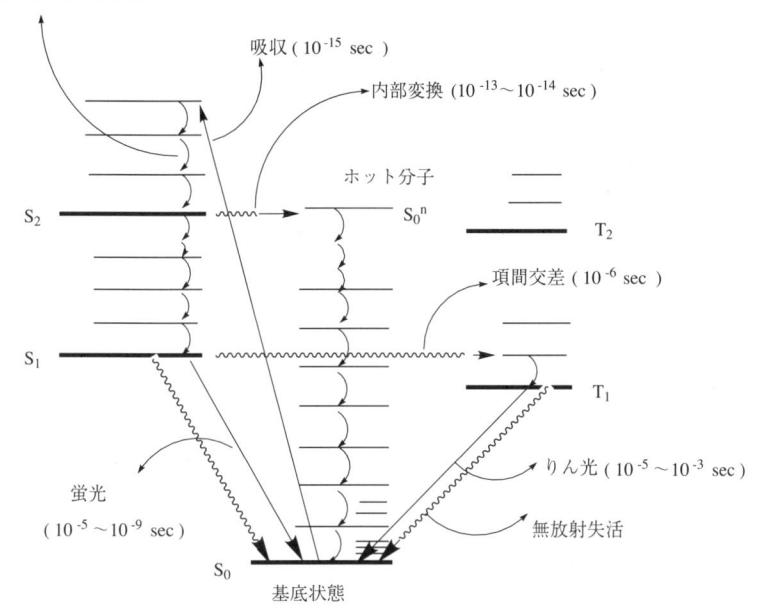

図6-1　ジャブロンスキー図（Jablonski diagram）

6-1-1　光吸収（light absorption）

　基底状態の分子が光を吸収すると、たとえば、電子的励起状態 S_2 の高振動状態（励起直後の状態をフランク・コンドン励起状態と言います）に励起します。その励起の速度は 10^{-15} sec のオーダーで非常に速く進みます。

6-1-2　振動緩和（振動失活）

　フランク・コンドン励起状態から、エネルギーを分子内の振動に再配分するとか、分子—分子の衝突によりエネルギーを失って、階段を転げ落ちるように振動エネルギーを失ってゆく過程を「振動緩和（vibrational relaxation）」あるいは「振動失活（vibrational cascade）」と呼んでいます。

6-1-3　内部変換 (internal conversion)

　同じ多重度間、例えば一重項から一重項への無放射遷移（等エネルギー変換）を「内部変換」と言います。図 6-1 では S_2 から S_0 の高振動準位に内部変換しています。その変換した後の状態を S_0^n と表し、電子的には励起していないが、振動的には励起していることを意味します。なお、この状態の分子を「ホット分子」と呼んでおり、持っている過剰の振動エネルギーにより結合が開裂して、ラジカルを生成する可能性があります。しかし、溶液中では、一般に溶媒分子との相互作用によって振動緩和が優先し、失活してしまうので、ラジカル生成は望めないでしょう。望めるのは、分子の衝突の確率の少ない気相中とか、生成するラジカルが安定な場合です。

6-1-4　S_1 からの過程

(1)　$S_1 \Rightarrow S_0$ の過程

　最低励起一重項状態（S_1）から、基底状態（S_0）へ失活（deactivation, 高エネルギー状態からエネルギーを失って、低エネルギー状態になること）する過程には 2 種類あります。光を放出して失活する放射失活（radiative deactivation）と光を放出しない無放射失活（radiationless deactivation）です。放射失活で発光する光が「蛍光（fluorescence）」です。

　無放射失活は、分子間衝突とか、内部変換して、次いで振動緩和することによるものです。

(2)　$S_1 \Rightarrow T_1$ の過程

　S_1 から最低励起三重項状態（T_1）の高振動準位へ無放射遷移が起こり得ますが、このような、異なる多重度間の無放射遷移を「項間交差（intersystem crossing）」と言います。生成した励起三重項も振動緩和します。

6-1-5 T_1 からの過程

励起一重項の場合と同じように、T_1 から S_0 への失活は、放射と無放射の 2 種類ありますが、放射失活で発光する光が「りん光 (phosphorescence)」です。

6-2　ジャブロンスキー図から予想できること

6-2-1　物理過程と競争する化学反応

電子的励起した分子は、無放射遷移とか蛍光、りん光発光などの物理過程を経て基底状態に失活することが理解できたと思います。つづいて、化学反応はどの状態から起こるのかを考えてみます。

ジャブロンスキー図からわかるように、高エネルギー準位に励起した分子は速い速度で最低励起状態に失活します。このことは、蛍光測定で最低励起一重項からの蛍光しか観測されない（カシャ則：Kasha's rule として知られる）ことで実証されています。したがって、化学反応も最低励起一重項（S_1）から、また項間交差して最低励起三重項（T_1）から起こるのが一般的であろうことが予想できます。しかし、S_1 からは、蛍光、無放射失活、項間交差、内部変換の物理過程も起こるため、これらの過程と化学反応は競争することになりますので、化学反応の起こりやすさは、速度論的な考察が必要になります。

S_1 から起こる諸過程を図 6-2 に示します。ここで、k は反応速度定数を表します（8-3 参照）。

図のそれぞれの過程の反応速度定数を k_e, k_d, k_c, k_{isc} とし、S_1 からの一分子的光化学反応の速度定数を k_r とすると、反応を起こす割合は、

$$一分子的光化学反応を起こす割合 = \frac{k_r}{k_r + k_e + k_d + k_c + k_{isc}}$$

したがって、上式の割合から、強い発光（蛍光あるいはりん光、k_e が大）を示

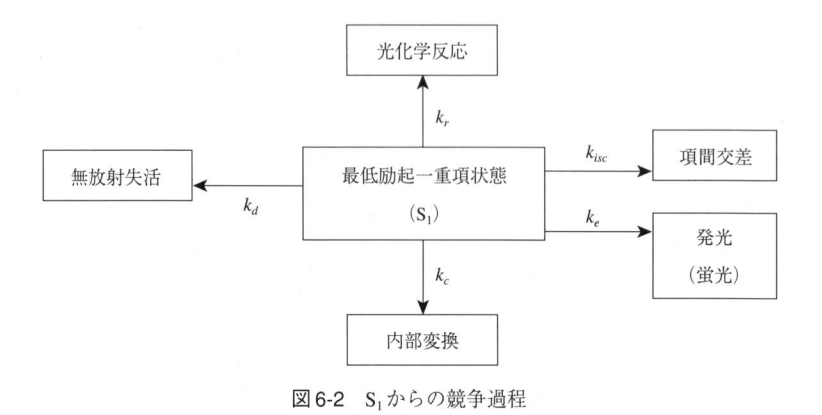

```
         ┌─────────────┐
         │  光化学反応  │
         └─────────────┘
                ↑
                │ $k_r$
┌─────────┐    ┌─────────────┐   $k_{isc}$  ┌─────────┐
│無放射失活│←───│最低励起一重項│─────────────→│ 項間交差 │
└─────────┘$k_d$│  状態       │              └─────────┘
               │  ($S_1$)    │   $k_e$      ┌─────────┐
               │             │─────────────→│  発光   │
               └─────────────┘              │ (蛍光)  │
                      │ $k_c$               └─────────┘
                      ↓
               ┌─────────────┐
               │  内部変換   │
               └─────────────┘
```

図 6-2　S_1 からの競争過程

す化合物は光化学反応を起こす可能性は低いことがわかります。

6-2-2　項間交差の効率

先に述べたように、一重項から三重項への項間交差は、スピン禁制過程なのですが、スピン—軌道相互作用によって、一重項状態と三重項状態が混じり合う場合は許容過程になります。この二つの状態間のスピン—軌道相互作用には、El-Sayed 則と呼ばれる規則があり、それによって、項間交差の容易さが説明されており、その相互作用が大きいほど、項間交差しやすいことになります。

a) El-Sayed 則

$^1(\pi, \pi^*) - ^3(n, \pi^*)$ と $^1(n, \pi^*) - ^3(\pi, \pi^*)$ 間のスピン—軌道相互作用は大きく、$^1(\pi, \pi^*) - ^3(\pi, \pi^*)$ および $^1(n, \pi^*) - ^3(n, \pi^*)$ 間のスピン—軌道相互作用は小さい、という法則です。なお、括弧の上付きの数字はスピン多重度を示しています。

また、T_1 と S_1 のエネルギー差が小さい方が項間交差の効率は高くなります。この法則は Robinson-Frosch 式により説明されますが、式については他書を参照して下さい。

b) 項間交差効率の実例

項間交差の効率について、ほぼ100％を示すベンゾフェノンと、ほぼ0％である1,3-ブタジエンについて、それぞれのジャブロンスキー図を使って説明します。

ベンゾフェノンでは、図6-3に示すように、S_1 が n, π^* ですがこの状態から π, π^* である三重項励起状態の T_2 への項間交差については、El-Sayed 則からスピン―軌道相互作用が大きく、さらに Robinson-Frosch 式において S_1–T_2 間のエネルギー差が非常に小さいことにより効率良く起こり、ついで速い速度で失活して最低三重項 T_1 に達すると説明されます。

これに対して、1,3-ブタジエンでは、項間交差は起こりにくいことを図6-4で説明します。

図6-4に示すように、1,3-ブタジエンの項間交差が $^1(\pi, \pi^*) - {}^3(\pi, \pi^*)$ 遷移であるため El-Sayed 則から起こりにくいこと、さらに S_1–T_1 間のエネルギー差が大きく Robinson-Frosch 式からも、項間交差は非常に起こりにくいことが

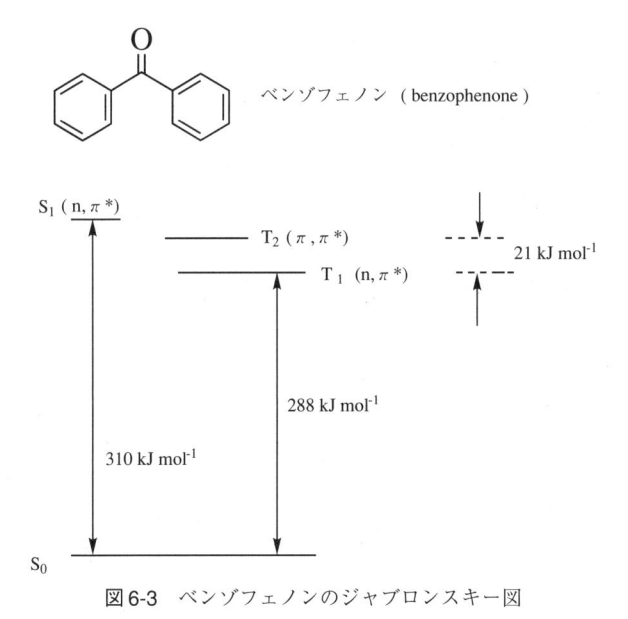

図6-3　ベンゾフェノンのジャブロンスキー図

1,3-ブタジエン (1,3-butadiene)

図6-4 1,3-ブタジエンのジャブロンスキー図

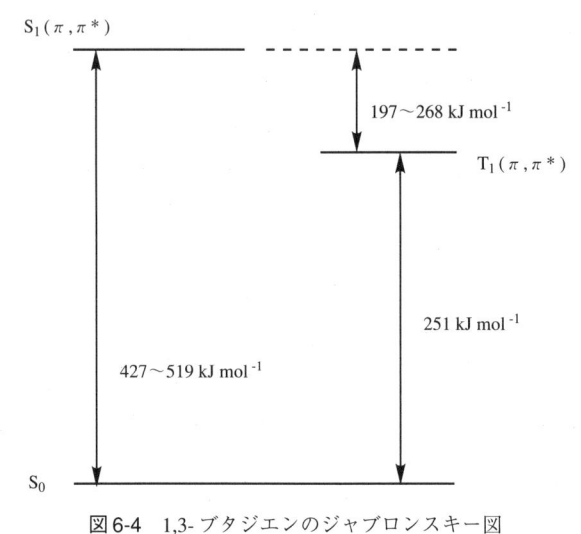

$S_1(\pi,\pi^*)$ — $T_1(\pi,\pi^*)$: 197～268 kJ mol^{-1}

S_0 — T_1 : 251 kJ mol^{-1}

S_0 — S_1 : 427～519 kJ mol^{-1}

説明されます。

c) 項間交差効率の一般論

　一般的に言って、項間交差効率は、ケトン類では高く、オレフィン類は低く、芳香族系化合物は中間の値を示します。

　分子中の硫黄、ハロゲン等の重原子は項間交差効率を高めます。この重原子による効果を「重原子効果 (heavy atom effect)」、特に分子中の重原子による場合を「分子内重原子効果 (intramolecular heavy atom effect)」と呼んでいます。これは重原子により電子スピンと軌道との相互作用が増加し、一重項状態と三重項状態の混じり合いが大きくなり、その結果、禁制遷移である項間交差が許容となり、その効率が高くなると説明されます。

　なお、使用溶媒分子中に重原子を持っている場合でも、この重原子効果はあ

ります。この場合の効果を「分子間重原子効果 (intermolecular heavy atom effect)」と言います。

第7章

励起エネルギーの移動

　光化学の諸過程のなかで、分子から分子への励起エネルギーの移動は大変に重要な過程です。自然の素晴らしい営みである光合成の仕組みの中の重要な過程にもエネルギー移動があります。

　このエネルギー移動 (energy transfer) は「励起移動 (excitation transfer)」とも言いますが、励起エネルギーを他の分子に移して、その分子を電子的に励起させることです。

　本章では、励起エネルギー移動の典型的な例である消光と光増感に力点を置いて説明します。

7-1　消光 (quenching) と光増感 (photosensitization)

7-1-1　消光とは、光増感とは

　一般に、電子的励起分子が基底状態分子の作用によって、その励起エネルギーを失う現象を消光と言います。なお、消光によって、化学反応が阻害される場合は「脱励起 (de-excitation)」という用語が使われます。消光は、励起一重項状態、励起三重項状態共に起こり得ますが、励起状態の寿命（一重項寿命が $\sim 10^{-8}$ sec と短いのに対して、三重項寿命は $10^{-5} \sim 10^{-3}$ sec と長い）を考えますと、三重項からの消光がより一般的です。励起エネルギー移動の様式につ

いては後述しますが、「衝突エネルギー移動」の様式をとる場合には、励起分子の最低励起三重項エネルギーが消光させる分子の最低励起三重項エネルギーよりも 12 kJ mol^{-1} 程度以上大きいことが必要です。

電子的励起する分子を D、その励起分子と作用する基底状態分子を A として、三重項消光反応式を書くと、次のようになります。ここで、左上付きの数字は 1 が励起一重項状態、3 が励起三重項状態を示します。

$D + h\nu \longrightarrow {}^1D$　　励起（excitation）

${}^1D \longrightarrow {}^3D$　　項間交差（intersystem crossing）

${}^3D + A \longrightarrow D + {}^3A$　　エネルギー移動（energy transfer）

エネルギー移動の過程は、二つの言い方で表現されます。一つは、「^3D が A により消光（quenching）された」と言い、A を消光剤（quencher）と呼びます。他の一つは、「A は ^3D により光増感（photosensitization）された」と言い、D を光増感剤（photosensitizer）と呼びます。

基礎研究でよく使われる三重項消光剤は、基質の光吸収を妨害しない（基質の吸収スペクトル波長域に強い吸収を示さない）1,3-ペンタジエンなどの共役ジエン類や、ある種のニトロキシド [(t-Bu)$_2$NO] です。また、酸素も効率の良い消光剤（励起一重項も消光する）です。

三重項光増感剤は、一般に項間交差効率の高い芳香族ケトン、例えばアセトフェノン、ベンゾフェノンなどが用いられます。この両フェノンの最低励起三重項エネルギー（T_1）、項間交差効率、速度定数 [k_{isc}(sec^{-1})] を表 7-1 に示します。

表 7-1　アセトフェノンとベンゾフェノンの T_1，項間交差効率と k_{isc}

	T_1 (kJ mol^{-1})	項間交差効率（%）	k_{isc} (sec^{-1})
アセトフェノン	310	100	10^{10}
ベンゾフェノン	287〜9	100	10^{11}

(C.H.Depuy, O.L.Chapman, *Molecular Reactions and Photochemistry*)

7-1-2 光増感酸素酸化

　重要な有機光化学反応の一つに「光増感酸素酸化反応（photo-sensitized oxygenation）」（光増感酸化：photo-sensitized oxidation とも言う）があり、有機合成化学分野や光化学療法分野に利用されています。また、有機材料（プラスチックス、染料など）の光劣化の要因にもなっています。

　酸素の基底状態は三重項で、励起状態は励起エネルギーの異なる二つの一重項があります。その二つの一重項状態の励起エネルギーは 94.1 kJ mol^{-1} と 156.9 kJ mol^{-1} ですが、高いエネルギー状態の一重項は失活して低いエネルギー状態になりやすいので、一般に一重項酸素（$^1O_2$）は低い励起エネルギー状態を意味します。このように、励起エネルギーが低いので、長波長の光（可視光）を吸収する染料で酸素の増感は十分可能です。

　染料としては、メチレンブルー（methylene blue）（極大吸収波長：668,609 nm）（古くから使われている塩基性染料の一つで、生体組織・細菌の染色色素としても重要）、エオシン（eosine）（極大吸収波長：516,484 nm）（酸性染料で、レーキ顔料や赤インクの製造に用いられる）などが使用されています。

7-1-3 光化学治療

　体内で生成した有害物質を光照射により他の物質に変えて体外排出させるか、無毒化させて治療する光療法（phototherapy）は古くから行われています。例えば、新生児黄疸の光療法（2-3-3 参照）があります。その他さまざまな疾患に対して光治療が利用されているようですが、ここでは、光増感剤を用いた治療の例を紹介します。

a) 乾癬治療

　光増感反応は光化学療法（photochemotherapy（PUVA therapy））分野にも利用されています。この PUVA therapy は、光増感剤としてソラレン（psoralens）を

使用し、UV-A（320 〜 400 nm の光）を照射して、乾癬を治療するものです。

b) 癌治療

　癌細胞に強く吸着する赤色色素のヘマトポルフィリン誘導体（H_pD）を光増感剤として用い、酸素共存下、ファイバースコープでレーザー光を照射して、光増感酸化により、癌細胞を壊死させる治療です。この治療は、膀胱癌、肺癌、食道癌、胃癌などの早期治療に有効であるとされています。

　癌の光化学治療の光増感剤にヘマトポルフィリンを選択したことは、次の理由から十分に納得できます。それは、血の色を赤くしているヘモグロビン（hemoglobin）の配合団（非ペプチド部分）はヘム（heme）（ヘモグロビンが酸素を肺から組織に運ぶことができるのは「酸素―ヘム」錯体による）であり、図 7-1 に示したように、複素環化合物であるポルフィリンの類縁体の一つですし、ヘマトポルフィリンも同様に類縁体です。したがって、ヘマトポルフィリンは「人体の組織と親和性のある、人体に優しい色素」であろうと考えられます。なお、ポルフィリン類縁体の一つとしてよく知られている緑葉の葉緑素にふくまれるクロロフィル a も併記しました。

　生物界には、いろいろな所に複素環化合物（heterocyclic compound）が存在し、生命活動に重要な役割を果たしていますが、その一つにポルフィリン類縁体があります。人間の生命を維持するヘム、緑葉植物の活動を維持しているクロロフィル、また「人に優しいがん治療」に有効なヘマトポルフィリンなどを示した図 7-1 の構造式を踏まえて、改めて考察してみますと、自然の偉大な叡智にますます驚かされます。

　なお、ポルフィリン類の光化学は興味ある分野ですが、本書ではこれ以上述べません。

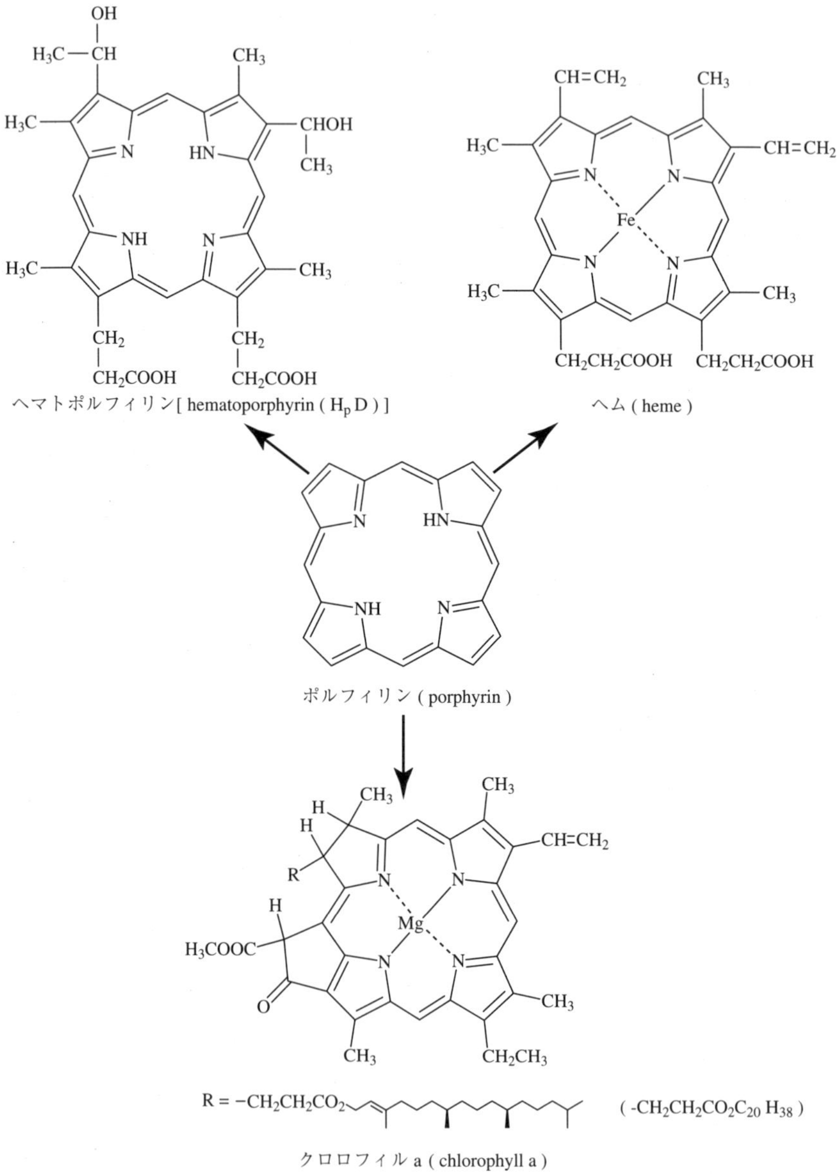

58　第Ⅱ部　光化学の基礎

ヘマトポルフィリン [hematoporphyrin (H_pD)]　　　　　　　ヘム (heme)

ポルフィリン (porphyrin)

$R = -CH_2CH_2CO_2$～　　　　　($-CH_2CH_2CO_2C_{20}H_{38}$)

クロロフィル a (chlorophyll a)

図 7-1　ポルフィリンとその類縁体

7-2　エネルギー移動の一般的機構

励起分子 D^* の励起エネルギーを基底分子 A に移す様式は、
(1)　無放射エネルギー移動
(2)　放射エネルギー移動

の二つに大別されます。理解しやすいのは移動機構からの分類ですので、その分類によって一般的なエネルギー移動を概説します。移動機構から大別すると、次の二種類があります。

分子間の接触による移動：
　　交換機構（exchange mechanism）、あるいは Dexter 機構
分子間の直接接触によらない移動：
　　Förster 機構、あるいは双極子—双極子機構（dipole-dipole mechanism）、
　　　共鳴機構（resonance mechanism）
　　再吸収機構（trivial mechanism）

7-2-1　分子間の接触による移動

D^* 分子の電子雲と A 分子の電子雲の重なりが生じて、電子の交換相互作用によって起こるエネルギー移動を交換機構、あるいは D.L.Dexter により詳細な検討がされていることから Dexter 機構とも言います。

電子雲の重なりが必要条件であることから、分子間距離に依存し、一般には 1 nm 以内が要求されます。

この機構により、一重項および三重項のエネルギー移動が可能ですが、D^* の最低励起エネルギーは A のそれよりも高くなければなりません。光増感反応のように、特に重要な有機光化学反応過程は、この機構による三重項エネルギー移動です。

一重項エネルギー移動の例としては、励起一重項アルキルベンゼンのピペリ

レン (piperylene, 1,3-ペンタジエン) による消光があります。

この機構によるエネルギー移動は一般に発熱的移動（exothermic transfer）（D^* と A^* とのエネルギー差 $\Delta E_{DA} > 0$ である移動）であり、古典的エネルギー移動（classical energy transfer）と呼ぶこともあります。これに対して、$\Delta E_{DA} < 0$ の吸熱的移動（endothermic transfer）もあり、非古典的移動（non-classical energy transfer）と言われ、「非フランク・コンドンエネルギー移動」がその例です。

7-2-2 分子間の直接接触によらない移動

a) Förster 機構

D^* の LUMO の電子の双極子振動に A の HOMO の電子が共鳴（二つの共鳴箱の共鳴に類似）し、A が励起する機構であり、一重項のエネルギー移動です。従って、このエネルギー移動機構を双極子—双極子機構、あるいは共鳴機構とも言います。この機構によるエネルギー移動速度について、T. Förster が分子間距離 (R) の-6乗に比例（$\propto R^{-6}$）する関係式を示し、詳細に検討していることから、Förster 機構と一般には言います。Förster 式から、このエネルギー移動も分子間距離に依存することは明らかです。また、D^* の蛍光スペクトルと A の吸収スペクトルの重なり、および A の吸光係数が大きくなれば Förster 機構によるエネルギー移動の効率は高くなります。

なお、このエネルギー移動効率（速度）が分子拡散には無関係であることは、たとえば、1-クロロアントラセンの励起一重項エネルギーのペリレンへの移動速度定数（$k = 2 \times 10^{11}\ M^{-1}s^{-1}$）が、溶媒の粘度を大きく変えても変わらないことから明らかにされています。

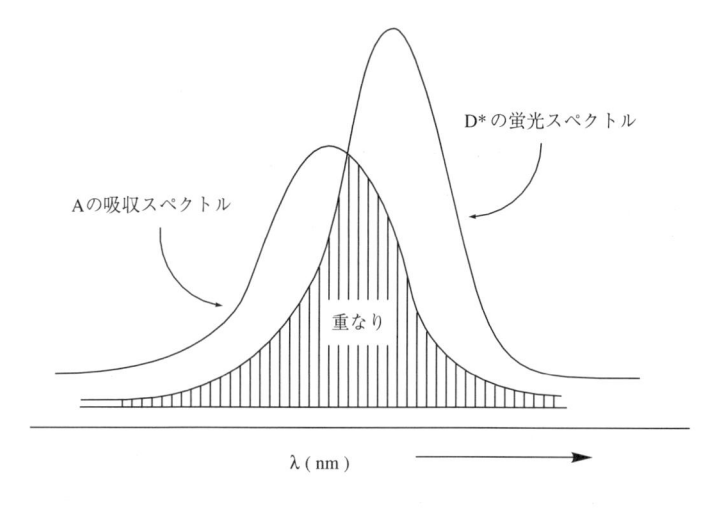

図 7-2　再吸収機構図

b) 再吸収機構

D^* からの蛍光スペクトルと A の吸収スペクトルとの重なりが大きい場合には、D^* の放射した蛍光を A が吸収して励起します。この機構を再吸収機構と言います（図 7-2）。

$$D^* \longrightarrow D + h\lambda' \quad （発光）$$
$$h\lambda' + A \longrightarrow A^* \quad （再吸収）$$

Förster 機構では、前述したように、エネルギー移動効率は分子間距離に依存しますが、再吸収機構での効率は D^* の蛍光スペクトルと A の吸収スペクトルの重なりのみに依存し、分子間距離に依存しないところが異なります。

第8章

光化学反応の効率

　光を吸収して短寿命の電子的励起状態になった分子は、発光などの物理過程を経て、元の基底状態分子に戻ること、それらの過程と競争して化学反応が起こることを、6・7章で説明しました。

　いろいろな分子の起こす光化学反応を比較検討し評価するためには、それぞれの反応の反応効率、それも吸収光量当たりの効率が必要事項となります。さらに、反応過程のまとめとして、生成物を誘導する励起状態が一重項か三重項なのかの情報も必要です。

　光化学反応過程の中で、最も重要な過程の一つであるエネルギー移動の仕組みは、光化学の基本的な知識です。

　本章は、そのエネルギー移動（消光と光増感）と反応効率（量子収率）の評価と方法、さらに反応の基礎的な解析方法について解説します。

8-1　反応効率の尺度である量子収率（quantum yield）

　化学反応では、仕込んだ基質の何％が目的とする生成物に変わったか、あるいは、反応した基質の何％が目的生成物になったかを表す尺度として、収率（yield）があります。一般には、前者を収率としていますが、反応の選択性を重視する場合には後者の収率が重要になります。

　光化学反応でも同様な収率が反応効率を表す尺度として用いられますが、一

連の光化学反応の効率を比較するには、この定義の収率では不十分なので、吸収された光子1個当たりの反応効率で表した尺度があります。この収率を「量子収率」と呼んでいます。

量子収率はϕで表し、次のように定義されます。

$$\phi = \frac{生成物の分子数（または、消失した反応分子数）}{吸収された光子数}$$

生成物の分子数を対象にした場合の量子収率を「生成量子収率（ϕ_{form}）」と呼び、消失した反応分子数の場合を「消失量子収率（ϕ_{dis}）」と言います。ここで、生成あるいは消失分子数はクロマトグラフィーやスペクトロスコピーなどの分析法で定量され、他方、吸収された光子数は後述の光量計で測定されます。

一般の光化学反応のϕは1よりも小さな値になります。例えば、反応効率の良いブチロフェノン系芳香族ケトンの分子内水素引抜き反応（11章参照）の生成量子収率は0.29～0.42です。しかし、反応がラジカル連鎖反応の場合（例えば、アルカンの光塩素化）は、連鎖成長段階があるため、1よりも大きな値になります。

なお、ϕ_{form}とϕ_{dis}とは次のような関係です。

(i) 光生成物がただ一種の場合：

Aを基質、Bを試薬、ϕ_{dis}をAの消失量子収率、ϕ_{form}をCの生成量子収率とすると、

$$A + B \xrightarrow{h\nu} C$$

$$\phi_{dis} = \phi_{form}$$

(ii) 複数の光生成物が生成する場合：

$$A + B \xrightarrow{h\nu} C + D + E$$

各々の生成物の生成量子収率をϕ_C, ϕ_D, ϕ_Eとすると、その和は基質の消失量子収率に等しくなります。

$$\phi_{dis} = \phi_C + \phi_D + \phi_E$$

一方、生成量子収率 ϕ_{form} を速度論的に定義すると、次のようになります。

$$\phi_{form} = \frac{生成物の生成速度}{光子の吸収速度（単位時間当たり基質に吸収された光子数）}$$

ただし、上式は、実際の量子収率測定に利用されることはほとんどなく、後述する Stern-Volmer 式の誘導に必要な定義になります。

なお、発光（蛍光、りん光）にも量子収率があります。

8-2　光子数の測定と光量計（actinometer）

光子数の測定には、種々の受光素子を用いた物理的な方法と、光化学反応を利用した化学的な方法（化学光量計、chemical actinometer）があります。化学光量計は、

　ⅰ）光化学反応が明らかになっている。
　ⅱ）波長依存性があまりない。
　ⅲ）反応速度が光強度の 1 次に比例する。

などが必要条件です。これまでに報告されている化学光量計には、例えば、

　a）トリオキサラト鉄（Ⅲ）酸カリウム光量計（potassium ferrioxalate actinometer）
　b）シュウ酸ウラニル光量計（uranyl oxalate actinometer）
　c）ベンゾフェノン―ベンズヒドロール光量計（benzophenone-benzhydrol actinometer）

その他、2-ヘキセノン、可視光で使用される Reinecke 塩、フルギドなどを用いた光量計がありますが、操作が簡単で、精度が良い光量計として一般に使われている、トリオキサラト鉄（Ⅲ）酸カリウム光量計について、以下説明します。

トリオキサラト鉄（Ⅲ）酸カリウム（$K_3Fe(C_2O_4)_3$）は、暗室、赤色光下で$FeCl_3$あるいは$Fe_2(SO_4)_3$とシュウ酸カリウム（$K_2C_2O_4$）から水溶液中で簡単に合成できるエメラルドグリーン色の結晶です。

基本の光化学反応は以下の通りです。

$$\text{キー反応}：2Fe^{3+} + C_2O_4^{2-} + h\nu \longrightarrow 2Fe^{2+} + 2CO_2$$

上式に示すように、反応は Fe（Ⅲ）イオンの Fe（Ⅱ）イオンへの光還元であり、化学量論的に起こります。

測定方法は、光還元で生成した Fe（Ⅱ）イオンを、1,10-フェナントロリンとの錯体にして比色定量（錯体の極大吸収波長は 510 nm）し、測定した Fe（Ⅱ）イオン数から光子数を算出します。

トリオキサラト鉄（Ⅲ）酸カリウムは 254 ～ 579 nm の波長域の光子数の測定が可能です。

測定用のオプティカルベンチ（optical bench）の概略図を図 8-1 に示します。ランプハウス内の光源からスリットを通して放射された光を石英の凸レンズで集束し、ガラスフィルターを通し、石英の凸レンズで平行光線にして反応溶液セル、光量計セルに入射させます。反応溶液セルへの入射全光子数は、反応溶液セルに溶媒だけを入れて光量計に入る光子数の測定で算出されます。次いで、反応溶液セルに反応溶液を入れて、一定時間照射をし、その間、光量計に入る光子数を測定し、この値と先に求めた入射全光子数から基質に吸収された光子数が求められます。

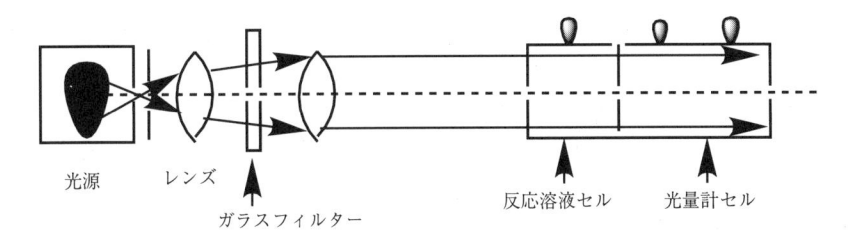

図 8-1　量子収率測定オプティカルベンチ概略図

8-3 反応の基礎的な解析:Stern-Volmer 式

有機化合物の構造とその光化学的挙動の関連を明らかにすることは、光化学の体系化には必要な情報の一つです。そのため、いろいろな構造の有機化合物の光化学反応を検討しますが、その場合、最初に決めなければならないことは、主な光生成物の同定です。この同定によって、反応のパターンがわかります。

次に、その反応の仕組みを定性的にでも明らかにする検討(デスクワークと実験)が必要になります。構造と光化学的挙動に係わるこのような情報の集積と整理が光化学の体系化の一助にもなるし、新しい感光性化合物の分子設計のための必要条件です。

反応の仕組みで、知りたい基本的な情報の一つは、光生成物の前駆体となる励起種の情報です。次いで、励起状態から、どのような中間体を経て生成物を与えるかを、既知の情報と新しい知見を踏まえて、考え、反応スキームをまとめます。

この励起状態の情報を知る有用な方法に、先に述べた消光実験があります。

以下、単純な仕組み(機構)で進む光化学反応を例にして、定常状態近似法を用いて反応速度論的に説明します。

光化学反応が下式のような素過程で進行するとします。

ここで S は基質、S^* は反応する励起状態、Q は消光剤、Q^* は Q の励起状態、P は反応生成物、I_0 は単位時間当たり S に吸収される光子数(光吸収速度)、ϕ は S^* を生成する効率、各 k は各素過程の速度定数とします。

	(過程)	(速度)
$S + h\nu \longrightarrow S^*$	励起	$I_0 \phi$
$S^* \xrightarrow{k_d} S$	失活	$k_d [S^*]$
$S^* \xrightarrow{k_e} S + h\nu'$	発光	$k_e [S^*]$

$$S^* \xrightarrow{k_r} P \qquad \text{反応} \qquad k_r[S^*]$$

$$S^* + Q \xrightarrow{k_q} S + Q^* \qquad \text{消光} \qquad k_q[S^*][Q]$$

S^* について定常状態近似（S^* の生成速度と消失速度が等しいとする）を適用すると、

$$I_0 \phi = k_d[S^*] + k_e[S^*] + k_r[S^*] + k_q[S^*][Q]$$

$$[S^*] = \frac{I_0 \phi}{k_d + k_e + k_r + k_q[Q]}$$

光生成物の生成量子収率を Φ とすると：（p.64 の定義から）

$$\Phi = \frac{\text{生成物（P）の生成速度}}{\text{光吸収速度（単位時間当たり S に吸収される光子数）}}$$

$$= \frac{k_r[S^*]}{I_0} = \frac{k_r \phi}{k_d + k_e + k_r + k_q[Q]}$$

消光剤（Q）が存在しない場合の生成量子収率を Φ_0、存在する場合を Φ_q とすると、

$$\frac{\Phi_0}{\Phi_q} = \frac{k_r \phi / (k_d + k_e + k_r)}{k_r \phi / (k_d + k_e + k_r + k_q[Q])}$$

$$= \frac{k_d + k_e + k_r + k_q[Q]}{k_d + k_e + k_r}$$

この式を整理すれば：

$$\frac{\Phi_0}{\Phi_q} = 1 + \frac{k_q[Q]}{k_d + k_e + k_r}$$

S^* の寿命を τ とすると、$\tau = 1/(k_d + k_e + k_r)$ ですので、上式を書き換えると、

$$\frac{\Phi_0}{\Phi_q} = 1 + k_q \tau [Q]$$

この式は、(Φ_0/Φ_q) と [Q] とのプロットは切片 1 を通る $k_q \tau$ の勾配を持った直線になることを示しています。この式を Stern-Volmer 式と言い、そのプロットを Stern-Volmer プロット (S–V プロット) と呼びます。また、$k_q \tau$ を消光定数 (quenching constant) と言います。

S–V プロットが切片 1 を通る勾配を持った直線であることは、生成物を与える「反応励起状態」は一種類であること、言い換えれば、一重項か三重項かであることを示唆しています。三重項消光剤による消光実験であれば、反応する励起状態は三重項であることを示唆しています。もしも、一重項と三重項の両励起状態から同じ生成物が生成すると仮定しますと、図 8-2 の (b) に示したように、上に凸で一定値に近づくような曲線になります。また、反応が一重項状態から起きている場合には、(c) に示したように水平直線になります。

S–V プロットから、消光定数 $k_q \tau$ が求められます。k_q は、一般には、Debye の 2 分子拡散律速定数 (k_D) にほぼ等しいので、k_D の値を使います (なお、下に示した式には、二つの分子の有効半径を考慮した式も提案されています)。

$$k_q \fallingdotseq k_D = \frac{8RT}{3000\eta} \ (\mathrm{mol^{-1} dm^3 s^{-1}})$$

ただし、R, T は、それぞれ気体定数、絶対温度、η は溶媒の粘度 (poise 単位) です。

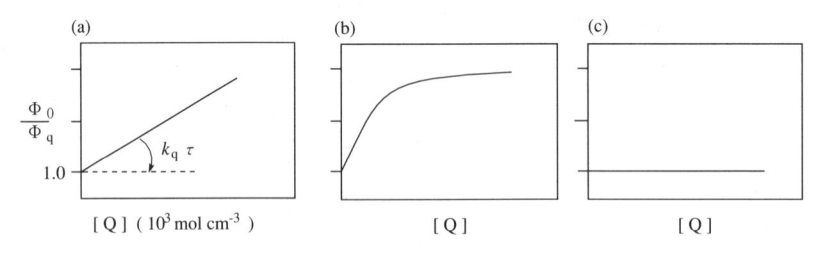

図 8-2 三重項消光剤を用いた S-V プロット
(a) 反応する励起状態が三重項の場合:勾配を持った直線
(b) 反応する励起状態が一重項と三重項の 2 種類ある場合:上に凸で一定値に近づくような曲線
(c) 反応する励起状態が一重項の場合:水平直線

以上説明したように、簡便な消光実験により、光化学反応機構の解明に役立つ、基質の励起状態や反応過程の情報が得られますが、一方、光吸収により生ずる励起状態や反応中間体の減衰変化を吸収スペクトルの時間変化で観察する「時間分解吸収スペクトル法（time-resolved absorption spectroscopy）」などが反応機構の直接的な解明に役立っています。

8-4　相対量子収率測定のための簡便な照射装置

絶対量子収率は 8-2 で述べた光量計を備えたオプティカルベンチを用いて測定しますが、S–V プロットのような相対量子収率（Φ_0 / Φ_q）や一連の光化学反応効率の比較検討には、メリーゴーランド型照射装置（merry-go-round type irradiation apparatus）が大変に便利です。

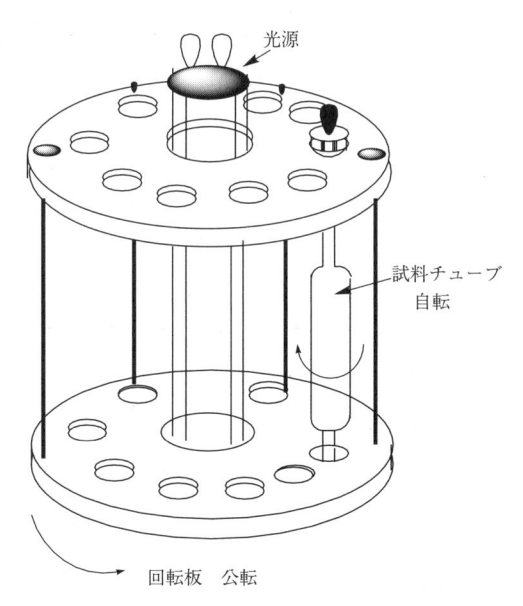

図 8-3　メリーゴーランド型照射装置概略図

この装置の特徴は、一連の試料溶液に、同じ波長域の光を、同一光量、同時に照射できることです。装置の照射部分の概略を図8-3に示しました。

　要点は、光源の周りを回転板がゆっくりと回転します。回転板にはアンプル型反応管（試料チューブ）を挿入する穴が同心円上に10個前後開いており、穴に挿入された反応管も回転するように設計されています。したがって、光源の周りを反応管が自転しながら、公転するわけです。穴の数だけの反応管を同時に照射できますので、消光実験に適しています。

コラム4

ホタルの光の仕組み

　生物による可視光の放射を「生物発光(bioluminescence)」と言います。生物発光を分類すると、(1) ホタル(昆虫)、夜光虫(原生動物)のように、生物体内で光るものと、(2) ウミホタルや笠貝(甲殻類)などのように、発光液を体外に放出して光るものの2種類があります。いずれの場合も、酵素の触媒作用による「発光物質」の酸素酸化で生ずる化学エネルギーを光に変換し発光しています。一般的に、発光物質は「ルシフェリン」(luciferin)であり、酵素は「ルシフェラーゼ (luciferase)」、その発光反応を「ルシフェリン・ルシフェラーゼ反応」と呼んでいます。ホタルの発光の仕組みは以下のようなものです。

　上図で示したように、ルシフェラーゼ、Mg^{2+}の存在下、ルシフェリンはアデノシン三リン酸(ATP)と反応して、ルシフェニルアデニル酸となり、酸素と反応して四員環過酸化物である1,2-ジオキセタン環を持つ化合物となり、このものが分解して炭酸ガスと電子的に励起したオキシルシフェリン(oxyluciferin)が生成し、励起オキシルシフェリンが発光して基底状態になると説明されています。

　なお、ホタルには、2,000以上の種類があり、北・中部ヨーロッパ、北米、日本などに生息しており、日本では、ゲンジホタル、ヘイケホタル、ヒメホタルがよく知られている種類です。ホタルは夏の夜の風物詩。

　ホタルが子孫繁栄のために集まって、乱舞するさまを「蛍合戦」と呼んだのは古人の粋な計らいでしょう。

[第Ⅱ部] 光化学の基礎　演習問題

[1] クロロフィルaは、無水炭化水素溶媒中ではn, π^* 遷移に起因する蛍光はほとんど観測できませんが、水あるいはアルコールを添加すると、観測されるようになります。その理由を考えなさい。

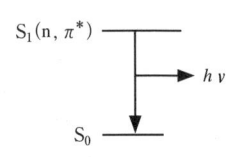

[2] 塩素分子、臭素分子のそれぞれの結合解離エネルギー、極大吸収波長、水素引抜きの相対反応性を下表に示しました。

	結合解離エネルギー (kJ mol^{-1})	極大吸収波長 (nm) / CCl$_4$	ハロゲン原子によるメタン H-引抜きの相対反応性
Cl—Cl	242.7	332	375,000
Br—Br	192.5	417	1

上のデータから、アルカンの光塩素化、および光臭素化について次の問いに答えなさい。

① 塩素分子および臭素分子をそれぞれの原子に開裂させるのに必要な光の最大波長はいくらでしょう。光源の種類は何を使えばよいでしょう。

② 光塩素化の場合は、塩素吹き込み速度や反応温度の上昇に十分に注意して反応を制御する必要があるのに、一方、光臭素化は、加熱しながら臭素を滴下する方法が実際にはとられています。この理由を述べなさい。

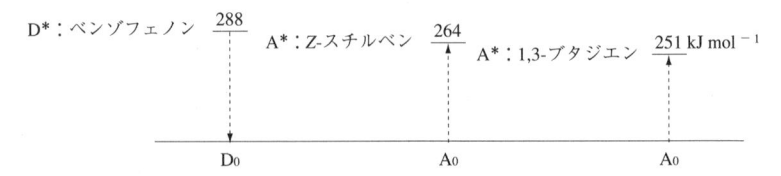

[3]

ベンゾフェノン三重項（E_T = 288 kJ mol^{-1}）の消光剤として、1,3-ブタジエン（E_T = 251 kJ mol^{-1}）とZ-スチルベン（E_T = 264 kJ mol^{-1}）のどちらを使用しますか。その理由はなぜでしょう。なお、エネルギー移動は交換機構によるものとします。

[4] 下記の反応過程で示したような基質（S）とオレフィンとの単純な光化学反応があります。ただし、S_0 は基質の基底状態、S^* は基質の三重項状態、O はオレフィン、k はその過程の速度定数を表しています。

基質は光を吸収して励起一重項に励起し、100％の効率で三重項に項間交差し、オレフィンと反応して生成物を与えます。この場合、りん光の発光は起こらないとします。

$$S_0 + h\nu \longrightarrow S^*$$

$$S^* \xrightarrow{k_d} S_0$$

$$S^* + O \xrightarrow{k_a} 生成物$$

生成物の生成量子収率を Φ、オレフィン濃度を [O] とした場合、$1/\Phi$ と $1/[O]$ との関係式を誘導しなさい。また、消光係数を速度定数 (k_d, k_a) で表しなさい。

[5] 次の事項を説明しなさい。
　(a) 同じ化合物が「蛍光」と「りん光」を発光するときは、「りん光」は「蛍光」の長波長側あるいは短波長側のどちら側に発光しますか。その理由はなぜですか。
　(b) ホット分子はどのような状態の分子ですか。
　(c) 分子間の接触によるエネルギー移動を説明しなさい。

第Ⅲ部

有機化合物の基本的光化学反応

　有機化合物の活性基のなかで、その光化学反応がほぼ体系化されている、C＝C二重結合、カルボニル基、ベンゼン類の典型的な光化学反応を、各論的に述べ、学習した反応を広く応用できるようにするために、その反応の仕組みに重点をおいて説明します。

第9章

単純オレフィンの光化学反応
── π,π^* 状態の反応

　オレフィンは、p軌道とσ軌道から構成されているC＝C二重結合が光の吸収によりπ,π^*励起して、光化学反応を起こしますが、その基本的反応はE-Z異性化です。この異性化が、直鎖状オレフィンから、分子の動きが制限される環状オレフィンに変わったときに、E-Z異性化に代わって、どんな反応が起こるようになるかを、本章で学習します。また、オレフィン2分子間の反応である環化付加反応とその応用についても解説します。

9-1　直鎖状オレフィンの E-Z 光異性化（E-Z photoisomerization）

9-1-1　異性化の具体例と仕組み

　スチルベンを溶液中、光励起（π,π^*）させると、E-Z異性化が起こります。照射時間と共にE/Z異性体比は変化しますが、ついにはその比が一定になります。この比が一定になる状態を光定常状態（photostationary state）と呼んでおり、スチルベンではE/Z比はほぼ1/9です。この定常状態は、各々の異性体の濃度と各異性体の照射波長での分子吸光係数の積がほぼ等しくなった状態になっています。

　式9.1の構造式からわかるように、E-体のC,H-原子は全てsp^2平面上にありますが、Z-体はo-位のHとH間の立体反発により、フェニル基が共平面か

E-スチルベン (平面構造) 約10% →(hν)← Z-スチルベン (擬平面構造) 約90% 立体反発

(9.1)

ら少しねじれた構造をとります。そのため、Z-体の方がE-体よりもポテンシャルエネルギーは約 25 kJ mol^{-1} ほど高くなっています。

さて、回転軸の回転障害が大きいC=C二重結合でのE-Z異性化はどのようにして起こるかを、エチレンをモデルにして考えてみます。

説明しやすくするため、図9-1に示したように、二つのHに丸印を付け、Ⓗが同じ側にある①を仮にZ-体とし、マークしたHが反対側にある⑥をE-体とします。

基底状態（S_0）および励起状態（S_1, T_1）における、計算より求めた「ねじれ角（θ, 二つの炭素のp軌道が作る角度）」とエネルギーとの相関曲線を図9-1に示しました。図9-1からわかるように、基底状態では$\theta = 0°$のときに、エネルギーが最低となるので、その構造が最も安定であり、$\theta = 90°$でエネルギーは最大となって、その構造は不安定となります。一方、励起状態では、$\theta = 0°$でエネルギーは最大となり、$\theta = 90°$で最小となり、炭素のp軌道がお互いに直角になった構造が安定になります。この状態図を使って、E-Z異性化が説明できます。

①が光を吸収してS_1に励起して、②になり、準安定化した③となり、項間交差してT_1の④に遷移し、次いでエネルギー差の小さい基底状態（S_0）の⑤に移り、そこから右のスロープを下れば①の元の状態に戻り、左を下れば180°回転した⑥を与えます。これがエチレンでのE-Z異性化の仕組みです。光定常状態におけるエチレンでのE/Z比は1になります。その理由は、⑤から

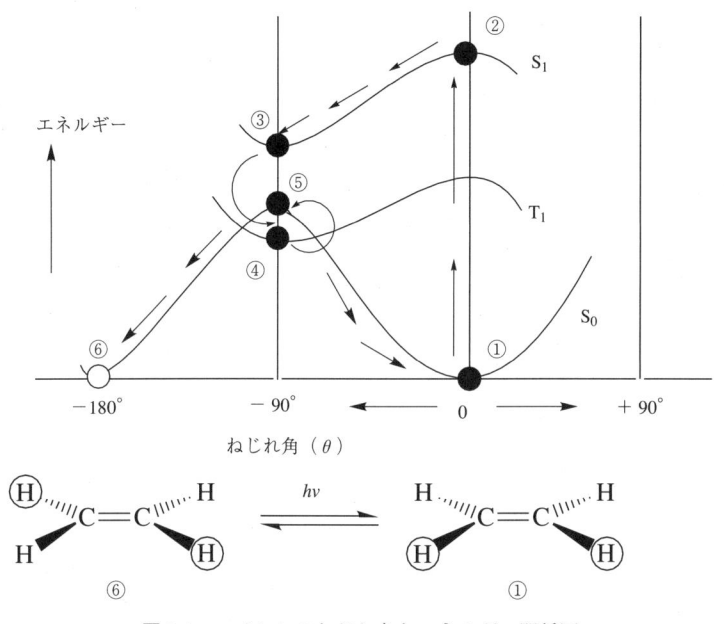

図9-1 エチレンのねじれ角とエネルギー関係図

右左に下りおりる確率が1:1、さらに①も⑥も分子吸光係数が同じなのでその比率は1になります。

図9-1から、励起状態では、エネルギー的に $\theta = 90°$ が準安定な構造であることが理解されますが、別の観点からも「$\theta = 90°$ が準安定構造である」ことが説明されます。

すなわち、励起状態では、反結合性の π^* 電子と π 電子の電子反発によって、炭素—炭素二重結合部で「ねじれ」が起こりますが、その「ねじれ」は電子反発を受けにくい $\theta = 90°$ で準安定化すると考えられます。

エチレンの E-Z 光異性化と同様に、ねじれた構造の電子的励起状態(「ねじれ励起状態」)を経る反応で、一般のオレフィンの E-Z 異性化も起こります。ただし、エチレンと異なるのは、スチルベンのように、区別できる E-体と Z-体があることです。この場合の説明は、E-体を励起させても、Z-体を励起させても共通の「ねじれ構造の励起状態」を与え、次いで不安定なねじれ構造の

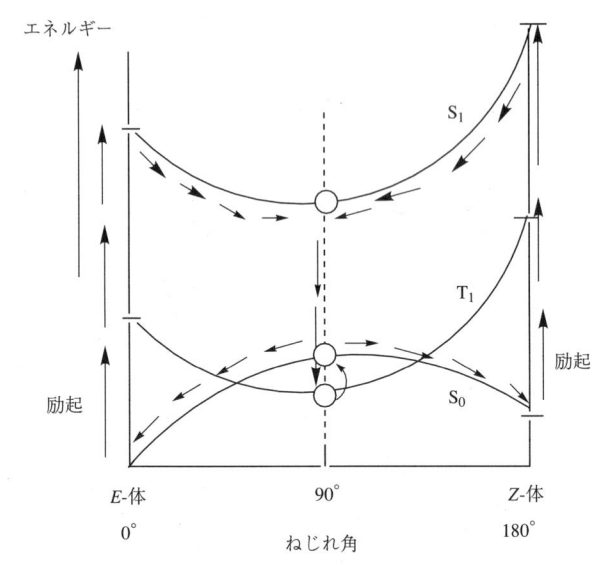

図9-2 オレフィンの*E-Z*光異性化の仕組み
（C.H.Depuy and O.L.Chapman によるエネルギー図を参考）

基底状態に移り、それが $\theta = 0°$ あるいは180°の安定構造に失活するときに*E-Z*異性化が起こることになります。

一般のオレフィンの*E-Z*異性化をエネルギー曲線の模式図で示すと図9-2のようになります。

9-1-2 異性化の実用例

a) 置換フェナントレン（substituted phenanthrenes）の合成

従来、多核芳香族化合物である置換フェナントレンは、ナフタレンと無水コハク酸を出発原料として、幾つかの過程を経て合成する Haworth 合成法が用いられています。これに対して、スチルベンの*E-Z*異性化を利用し、次いで酸化的閉環させてフェナントレン類を光化学的に合成する簡便な方法がありますので、概略を説明します。

式9.2に示したように、シクロヘキサン溶媒中、スチルベンのE-体を光照射するとZ-体に異性化し、さらに光で励起して環化が起こり、trans-ジヒドロフェナントレンが中間体として生成します。これが酸化剤、例えば溶存酸素あるいは添加したヨウ素により脱水素してフェナントレンを与えます。この反応を利用して置換フェナントレンも合成できます。

$$E\text{-スチルベン} \xrightleftharpoons{h\nu} Z\text{-スチルベン} \xrightleftharpoons{h\nu} trans\text{-ジヒドロフェナントレン} \xrightarrow{O_2} \text{フェナントレン} \quad (9.2)$$

たとえば、o-置換スチルベンからは1-置換フェナントレン、同様にp-置換体からは3-置換体、m-置換体からは2-と4-置換体の混合物、α-置換体からは9-置換体が好収率（非置換の場合：73％）でそれぞれ合成されます。しかし、アセチル、ジメチルアミノ、ニトロ基などを置換基として持つスチルベンの場合は、この光化学的な方法によって相当する置換フェナントレンを合成することはできません。

b) ビタミンA（vitamin A）の合成

ビタミンAは、次頁に示したように、4つのイソプレン炭素骨格を持つジテルペン（diterpene）で、二重結合はすべてトランス型です。肝油、乳製品等に

> **コラム 5**
>
> ### イソプレン則（isoprene rule）
>
> 針葉樹などの植物の精油から得られるテルペンの炭素骨格はイソプレン単位が head-to-tail に規則正しい結合で構築されています。これをイソプレン則と言っています。ビタミン A のイソプレン単位を下図に示しました。

含まれていますが、工業的にも製造されています。しかし、合成されたビタミン A アセテートは *all*-トランス体と 11-シス体の混合物です。このため、クロロフィル光増感 *E-Z* 異性化を利用し、熱力学的に最も安定な *all*-トランス体が主成分となる混合物に誘導し（長時間照射した定常状態では、Z-体より熱的に安定な *E*-体が主成分）、分離して製品化します。

ビタミン A

(9.3)

11-シスビタミン A アセテート   オールトランスビタミン A アセテート

9-2　立体化学的に E-体ができにくい環状オレフィンの場合

　環状オレフィンであるシクロアルケンの環を小さくした場合、構造上 E-体ができにくいシクロオレフィンに出会うだろうことは、十分に予想できます。

　その予想どおり、下式で、nが4、すなわちシクロヘキセンの六員環になると、E-体は可能ですが、環歪みが大きく、その歪みの解消が推進力となって、別の化学反応が起こるようになります。五員環以下では E-Z 異性化は起こらないので還元あるいは二量化が起こります。

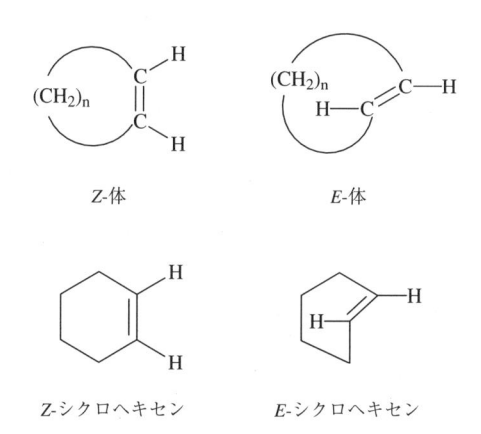

Z-体　　　　　　　E-体

Z-シクロヘキセン　　E-シクロヘキセン

　「別の化学反応」とは、最も単純な反応である酸—塩基反応です。即ち、ルイス塩基である C=C に酸 HX が付加する反応です。第一段階として、プロトン（H^+）が二重結合に付加してカルボカチオン（carbocation）の生成が考えられます（式9.4）。シクロヘキセンを基質とすれば、シクロヘキシルカチオンが生成するはずです。このカチオン生成をより容易にするために（言い換えれば、生成カチオンをより安定なものにするために）、二重結合にアルキル置換基を導入し、第三級カルボカチオンにすれば良いはずです。そこで、1-メチルシクロヘキセンをメタノール中、BTX（ベンゼン、トルエン、キシレン）を光増感剤として光照射すると、ルイス酸であるメタノールが付加したメチルエー

テルと共に異性化した *exo*-オレフィンが容易に生成します。

$$\text{ルイス塩基} \quad \cdots \text{H}^+ \text{（ルイス酸）} \longrightarrow \quad \text{カルボカチオン} \tag{9.4}$$

1-メチルシクロヘキセンへのメタノールの光付加反応の反応過程を下に示しました。

すなわち、1-メチルシクロヘキセンの Z-体が「ねじれ励起状態」を経て光異性化して、環歪みの大きい E-体になります。その歪みの解消が化学反応の原動力となり、メタノールがルイス酸となり水酸基の水素が H^+ として、ルイス塩基の C=C を攻撃します。生じるカルボカチオンは上に示したように 2 種類ありますが、メチル基の超共役により、より安定な第三級カルボカチオンである 1-メチル-1-シクロヘキシルカルボカチオンが優先的に生成します。次いで、カルボカチオンの特徴的な挙動である「求核置換反応 (nucleophilic substitution)」と「脱離反応 (elimination)」が競争的に起こります。即ち、メタノールの求核攻撃の場合はメチルエーテルが生成し、メチル基からの H^+ 脱離

の場合は *exo*-オレフィンが生成します。このアルコール付加は七員環のシクロヘプテンでも起こりますが、*E*-体の歪みが少ない八員環のシクロオクテンでは起こらず、*E*-体が単離されます。

9-3　π, π^* 励起以外の励起 C=C 二重結合での光に特有な反応

9-3-1　Rydberg 遷移（π, R 遷移）するオレフィンへのアルコール付加

　ある種のオレフィンでは π, π^* 励起とは異なる Rydberg 準位への遷移があります。この遷移は、π 電子が軌道半径の大きい 3s に遷移するので $\pi, R(3s)$ と表示されます。

　この Rydberg 遷移をするオレフィンには、次頁に示すように、1,1-ジアルキル-2-メチル-1-プロピレンや 1,2-ジメチルシクロペンテンなどがあります。Rydberg 状態でアルコールの付加が起こりますが、その機構は先に環状オレフィンについて説明した「ねじれ励起状態」を経るアルコール付加機構とは全く異なります。「ねじれ励起状態」を経る場合は、ルイス酸であるアルコールの水素が H^+ として「ねじれた」C=C に求電子攻撃して反応が誘発されたのですが、Rydberg 状態でのアルコール付加は、これとは異なり、次頁に示したように、アルコールの酸素原子の求核攻撃から反応は始まります。

　Rydberg 状態は、π 電子が 3s 軌道に広がっていることから、その状態での C=C 結合の電気的性質は「ラジカル陽イオン的」であり、したがって、アルコールの求核的な攻撃を受けて反応が誘起されます。その反応経路を 1,1-ジアルキル-2-メチル-1-プロピレンを例にして説明します。

　この分子の「ラジカル陽イオン的」な姿を模式的に描きますと、次図のようになりますが、1 電子 e は分子の外側を回っていると考えて良いでしょう。

$$\underset{R}{\overset{R}{>}}=\overset{\diagup}{\diagdown} \xrightarrow{h\nu} \left(\underset{R}{\overset{R}{>}} \overset{+}{\underset{}{\diagup}} \cdot \overset{\diagup}{\diagdown} \right)^{\bar{\cdot}} \leftrightarrow \left(\underset{R}{\overset{R}{>}} \cdot \overset{+}{\underset{}{\diagup}} \overset{\diagup}{\diagdown} \right)^{\bar{\cdot}}$$

Rydberg 励起状態 ($\pi, R(3s)$)

　この「ラジカル陽イオン的」な性格の C＝C 二重結合にメタノール酸素が求核攻撃します。分子の外側を回っていた電子 e はメタノールで捕捉され、メタノールは H· と MeO⁻ になり反応試薬となります。

$$\underset{R}{\overset{R}{>}}=\overset{\diagup}{\diagdown} \xrightarrow[\text{MeOH}]{h\nu} \text{MeO}-\underset{R}{\overset{R}{\underset{|}{C}}}-\overset{\cdot}{\underset{}{C}}\diagdown + \overset{\cdot}{\underset{R}{\underset{|}{C}}}-\underset{}{\overset{|}{C}}-\text{OMe} + e$$

(Rydberg 状態への求核攻撃)　　　　MeOH 付加物　　　　　MeOH ↓　　　　　H· + MeO⁻　　(9.5)

$$\underset{\text{シクロペンテン}}{\diagup} \xrightarrow[\text{MeOH}]{h\nu} \underset{\text{}}{\diagup}\text{OMe} + \underset{\text{}}{\diagup}\text{OMe} + \underset{\text{}}{\diagup}\text{OMe} \quad (9.6)$$

9-3-2　隣接基関与によるアルコールの付加

　分子は、真空系以外は、周りの分子などと相互作用しながら集合体系中に存在するのがごく普通です。したがって、集合体系中の分子は、その相互作用が大きければ、単独に存在する分子とは異なる化学的挙動を示すであろうことは容易に予想できます。

　同様に、分子中の単純な活性基の反応性も近くの原子あるいは原子団の影響を受ける場合があります。その一つの例に「隣接基関与 (neighboring-group participation）」があり、有機光化学の分野でも、隣接基関与により反応パターンが変わる反応例は数多くあります。

π, π*励起だけが起こる C＝C 二重結合でも、その隣に非結合性電子対（n 電子、下式のホスホレン構造式中の P 原子上の‥）を持った原子である P 原子が存在すると、P の n 電子が関与する n, π*遷移が起こり、「ねじれ励起状態」を経る C＝C へのアルコールの付加と同様なアルコール付加の起こることが、五員環オレフィンであるホスホレンで示されています（式 9.7）。

$$\underset{\text{1-フェニル-3-メチル-2-ホスホレン}}{} \xrightarrow[\text{MeOH / Xylene 増感}]{h\nu} + \tag{9.7}$$

＜参考＞

$$\xrightarrow[\text{MeOH / Xylene 増感}]{h\nu} \ \ //\!\!\!\!\longrightarrow \ \ \text{メタノール付加体}$$

このホスホレンへのアルコールの付加は次のように説明されます。

ホスホレンの P 原子の n 軌道にある電子 1 個が隣接する C＝C の反結合性軌道 π*に遷移する n, π*励起により、C＝C 部分が電子豊富になります。その結果、アルコール水酸基の H を H$^+$ として受入れ（アルコールの C＝C への求電子攻撃）、カルボカチオンが生成します。以下は、先に説明した、「ねじれ励起状態」を経るアルコール付加と同じような反応過程で反応は進み、結果として、アルコール付加体と exo-オレフィンが生成します。

この 2-ホスホレンへのアルコール付加の反応過程の説明は、

①二重結合が一つ移動した 3-ホスホレンでは、P の非結合性軌道と C＝C 二重結合の距離が離れているため、n, π*遷移は起こりにくく、したがって、アルコールの付加は起こらない。

②P原子の非結合性軌道を酸素原子で塞いだ2-ホスホレンオキシドでは、P原子にn電子がないため、n, π^*遷移は起こらず、したがって、アルコールの付加は起こらない。

などの事実からも支持されるでしょう。

なお、n, π^*遷移が反応でより重要となるカルボニル化合物については、11章で解説します。

9-4　環化付加（cycloaddition）：シクロブタン環の生成

9-4-1　シクロブタン環の可能な立体構造

単純オレフィンが二量化してシクロブタン環が形成される反応を（2 + 2）環化付加［(2 + 2) cycloaddition］と言います。これは2個のπ電子と2個のπ電子がシクロブタン環形成に関与するので、（2 + 2）と呼びます。ちなみに、Diels-Alder付加によるシクロヘキセン環の生成は2π電子と4π電子が関与するので（2 + 4）環化付加と言います。

（2 + 2）環化付加には分子内（intramolecular）と分子間（intermolecular）の反応がありますが、本項では、オレフィンの二量化における分子間の環化付加で生成する置換シクロブタンの可能な立体構造を説明します。

次に示すように、可能な異性体の数は、計12種（ただし鏡像異性体は無視）ですが、実際には立体化学的制約などのために、生成する異性体数は少なくなります。

(a) head-to-head 型（同じ置換基のついている炭素間の結合）

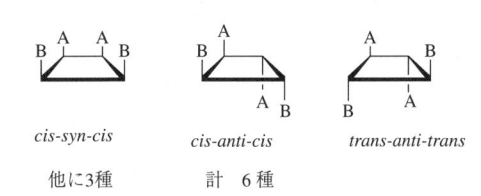

cis-syn-cis　　　*cis-anti-cis*　　　*trans-anti-trans*

他に3種　　　　　計 6種

(b) head-to-tail 型（異なる置換基のついている炭素間の結合）

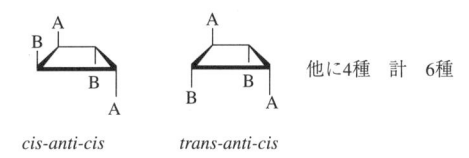

cis-anti-cis　　　*trans-anti-cis*　　　他に4種　計 6種

　なお、分子間 (2 + 2) 環化付加で、光化学特有の反応があります。それは光による協奏的環化付加 (concerted cycloaddition)、すなわち、同時に 2 つの σ 結合が形成されてシクロブタン環が生成する場合です。この反応は立体選択的 (stereoselective) に進み（Woodward-Hoffmann 則（軌道対称性相関則）：別の例を後述 (p.97) しますので、そちらも参照）、特定の立体構造のシクロブタン誘導体しか生成しません。たとえば、Z-2-ブテンでは、*cis-syn-cis* 体と *cis-anti-cis* 体の 2 種しか生成しません（式 9.8）。

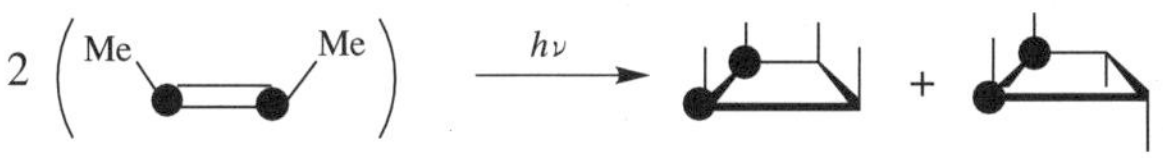

$$2 \left(\text{Me} \diagup\!\!=\!\!\diagdown \text{Me} \right) \xrightarrow{h\nu} \quad\text{cis-syn-cis} \quad + \quad \text{cis-anti-cis} \tag{9.8}$$

9-4-2　分子内 (2+2) 環化付加

　この環化付加は、歪みのあるカゴ形化合物 (cage compound) が生成する吸熱反応であり、熱的には起こりにくい反応ですが、光化学的に特有な反応とし

て起こります。多くの反応例がありますが、その典型的な反応を二、三挙げます。生成したカゴ形化合物は触媒によって容易に元の化合物を生成しますが、この際歪みエネルギーを熱として放出します。

$$\text{ノルボルナジエン} \underset{\text{触媒}}{\overset{h\nu}{\rightleftarrows}} \text{クワドリシクレン} \quad (9.9)$$

$$\underset{\text{触媒}}{\overset{h\nu}{\rightleftarrows}} \text{ホモキュバン系} \quad (9.10)$$

$$\overset{h\nu}{\longrightarrow} \text{ホスファキュバン系} \quad (9.11)$$

これらの環化付加は、光エネルギーの化学エネルギー（歪みエネルギー）への変換および貯蔵に関係する反応であり、また、合成化学的には、新規カゴ形化合物の合成に直接関係するので、興味深い分野であり、多くの研究がなされています。

9-4-3 相互作用している C＝C 結合間の特殊な付加

a) 結晶ケイ皮酸の二量化

ケイ皮酸は、溶液中では光 E-Z 異性化するだけですが、分子がきちんと配列をしている結晶状態では環化付加が起こるようになります。ケイ皮酸結晶には、α, β, γ の3種類の多形結晶があり、その内、α, β-体は2分子のケイ皮酸のC＝C結合が4Å以内に接近して相互作用しうる距離に平行（β-体）あるいは逆平行（α-体）に配列して結晶を構成していることが、X線解析からわかりました。

したがって、この状態の結晶を光照射すれば、容易に環化付加してシクロブタン環が形成されるわけです。シクロブタン環の立体構造は、結晶におけるケイ皮酸2分子の配列をそのまま保持しています（式 9.12, 9.13）。

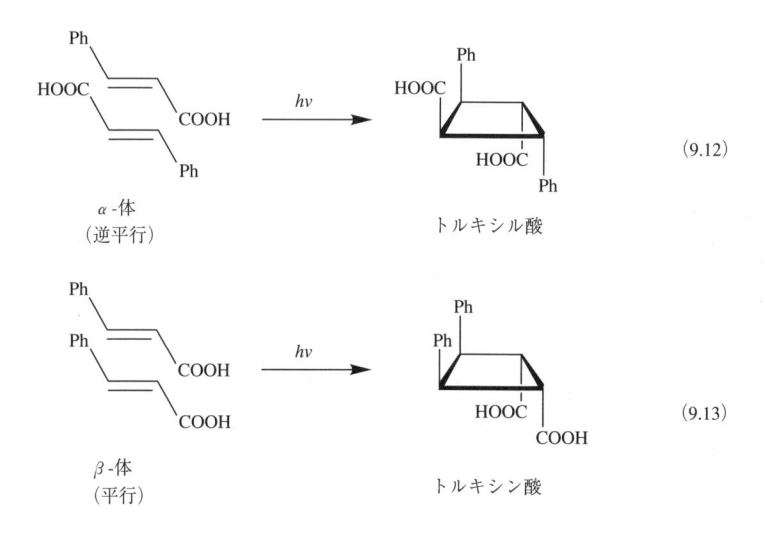

$$\alpha\text{-体（逆平行）} \xrightarrow{h\nu} \text{トルキシル酸} \tag{9.12}$$

$$\beta\text{-体（平行）} \xrightarrow{h\nu} \text{トルキシン酸} \tag{9.13}$$

なお、γ-体は分子間距離が長く、5Å以上なので相互作用しにくく、したがって、環化付加は起こりません。

b) 電荷移動錯体（charge-transfer complex）の励起

基底状態において、ある種の電子供与分子（D）と電子受容分子（A）が相互作用して電荷移動錯体を形成し、錯体固有の吸収帯を示す場合があります。この場合、その吸収帯の光を吸収すると、錯体は励起し、電荷が完全に移動して、ラジカルイオン対の励起状態となり、次いで環化付加が起こる幾つかの反応例があります。代表的な例として、無水マレイン酸とシクロヘキセンの反応を式9.14に示します。この場合、ラジカルイオン対からのシクロブタン環形成は段階的に進むので、反応の立体選択性はありません。

電子供与体（D）　　電子受容体（A）
シクロヘキセン　　無水マレイン酸

電荷移動錯体
特有吸収波長 = 270 nm

励起電荷移動錯体・概念図

(9.14)

9-4-4　（2+2）環化付加の実際例

a) DNA の光損傷（photodamage）と光回復（photoreactivation）

先に太陽光の中の UV-B 領域の光が人間の遺伝子 DNA を損傷し皮膚癌を誘発する可能性のあること、また損傷した DNA を修復する機能を人間は持っていることを紹介しました。ここでは、DNA 光損傷と光回復について、もう少し詳しく説明します。

二重らせん構造の DNA が 310 nm 以下の光（UV-B）を吸収すると、DNA のピリミジン塩基間で（2 + 2）環化付加が起こり、シクロブタン型ピリミジン二量体を形成します。この現象を光損傷と言います。ピリミジン塩基には、シ

トシン（cytosine）(C) とチミン（thymine）(T) がありますが、光損傷の主な原因であるシクロブタン環形成（シクロブタン二量体）は、T–T 間、C–C 間、T–C 間で起こりますので、それぞれのシクロブタン二量体を T◇T, C◇C, T◇C と表示することにします。光損傷と光回復の概念図を図 9-3 に示します。

シトシン(cytosine)　　チミン(thymine)　　*cis,syn*-チミン二量体

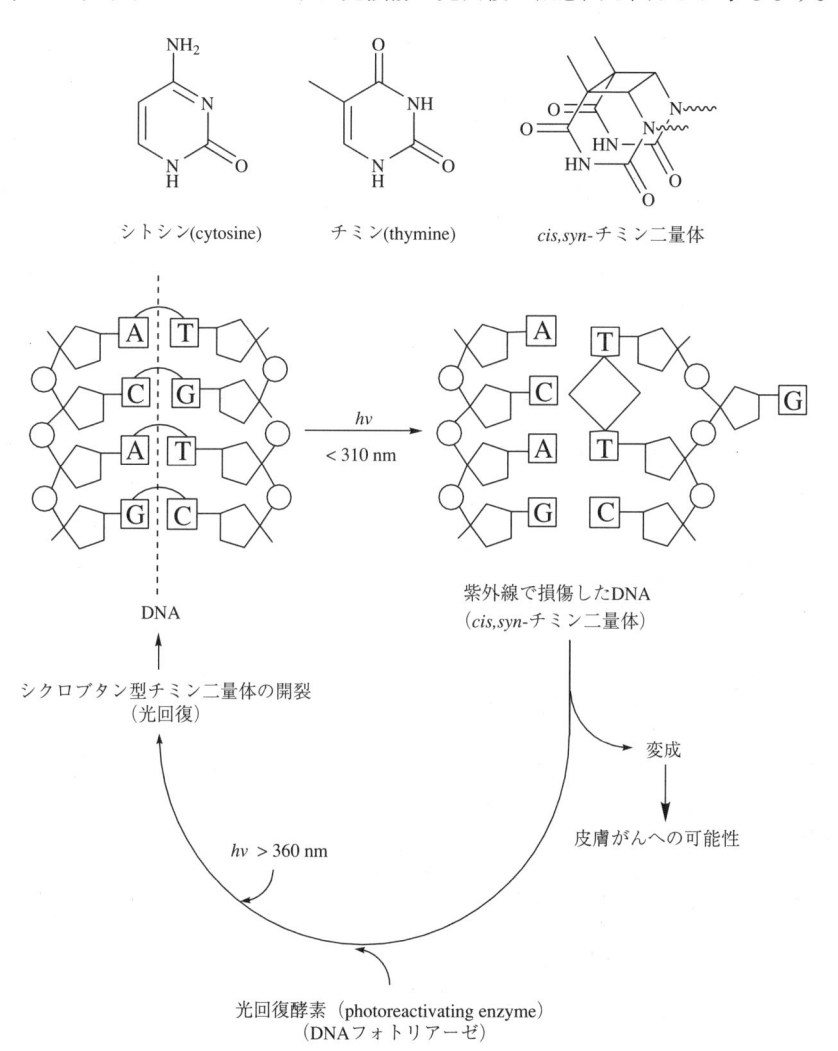

図 9-3　DNA の光損傷と光回復の概念図

DNA の二重らせん部分構造図において、A, G はプリン塩基のアデニン (adenine)、グアニン (guanine) を表し、T, C はチミン (thymine)、シトシン (cytosine) を表しています。

UV-B や UV-C の光で損傷した DNA は、360 nm 以上の光と光回復酵素 (DNA フォトリアーゼ) により、シクロブタン型ピリミジン二量体が環開裂して元の DNA に戻ります。この光回復における環開裂の量子収率は 1 に近く、効率はほぼ 100％です。しかし、問題は光回復酵素の細胞中の存在量が非常に少ないことで、損傷した DNA を回復しきれない場合に、それがヒト皮膚癌の成因になると考えられています。

b) フォトポリマー (photopolymer)（感光性樹脂）への応用

感光性樹脂は印刷製版、塗料、印刷インキ、接着剤、医用材料、エレクトロニクス材料など広い分野で実用化されています。その中で、(2 + 2) 環化付加により溶剤溶解性ポリマーが架橋して溶剤不溶性になるフォトポリマーがあります。

代表的な例としては、写真凸版製版レジストとして開発されたポリケイ皮酸

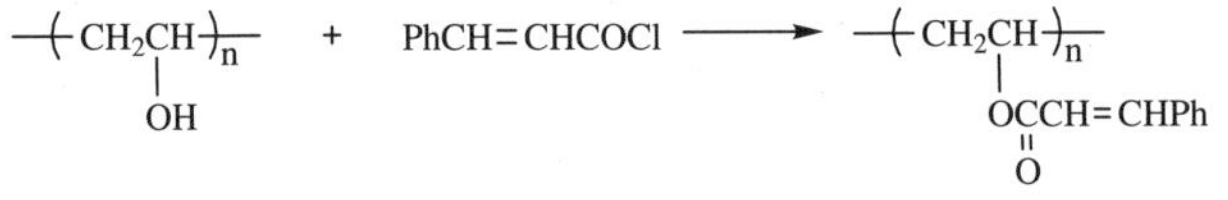

$$-(CH_2CH)_n- + PhCH=CHCOCl \longrightarrow -(CH_2CH)_n-$$
$$\quad\quad |\quad\quad\quad\quad\quad\quad\quad\quad\quad\quad\quad\quad\quad\quad\quad |$$
$$\quad\quad OH\quad\quad\quad\quad\quad\quad\quad\quad\quad\quad\quad\quad\quad OCCH=CHPh$$
$$\quad\quad\quad\quad\quad\quad\quad\quad\quad\quad\quad\quad\quad\quad\quad\quad\quad\quad\quad ||$$
$$\quad\quad\quad\quad\quad\quad\quad\quad\quad\quad\quad\quad\quad\quad\quad\quad\quad\quad\quad O$$

ポリビニルアルコール　　塩化シンナミル　　　ポリケイ皮酸ビニル (PVAC)

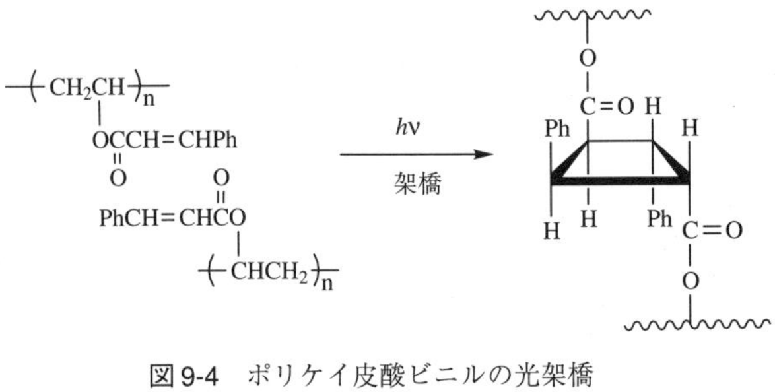

図9-4　ポリケイ皮酸ビニルの光架橋

ビニル（PVAC）がありますので、簡単に説明します。

　図9-4に示したように、ポリビニルアルコールを塩化シンナミルでケイ皮酸エステル化したポリケイ皮酸ビニル（PVAC）がフォトポリマーとなります。また、使用する際、三重項増感剤として、5-ニトロアセナフテン、あるいは、1,2-ベンゾアントラキノンなどを共用する場合もあります。光照射により、シンナミル部のC＝C間での分子間（2 + 2）環化付加が起こり、架橋され溶媒不溶になります。一方、光照射を受けない部分は、架橋は起こらず、溶剤可溶の元のままで残ります。

　なお、両末端にDNAのピリミジン塩基のチミンが置換したジアミドオリゴマーは、先にDNAの光損傷で説明したように、チミン同士が（2 + 2）環化付加することから、興味深いフォトポリマーです。

第 10 章

ポリエンの特異的光化学反応

前章では、分子中 1 個の炭素─炭素二重結合を対象にした分子内、分子間の基本的光化学反応について説明しました。

本章では、複数の C＝C 二重結合を持つ非共役系および共役系のポリエンについて、オレフィンとは異なる基本的な光化学反応について説明します。

特に、共役ポリエンの、環化と電子移動が同時に起こる環状電子反応は軌道対称性相関則で説明される重要な反応です。

10-1 非共役 1,4-ジエンの反応

非共役 1,4-ジエンは、大豆油、ゴマ油、ベニハナ油に含まれる不飽和脂肪酸のリノール酸（linoleic acid： *cis* , *cis* -octadecadienoic acid）、また、多くの乾性油に含まれるリノレン酸（linolenic acid： *cis* , *cis* , *cis* -octadecatrienoic acid）の分子式中に含まれる結合単位であり、その光化学的な挙動は天然物有機化学分野において興味深いものです。

1,4-ジエンであるジビニルメタンは、光吸収して、式 10.1 に示したように、ビニルシクロプロパンへ転位します。この転位を「ジ-π-メタン転位（di-π-methane rearrangement）」と呼んでいます。

実例をジフェニルジメチルヘキサジエンで示しました（式 10.2）。

ジ-π-メタン転位は、環状化合物でも起こります。

$$\text{ジビニルメタン} \xrightarrow{h\nu} \cdots \longrightarrow \cdots \longrightarrow \text{ビニルシクロプロパン} \quad (10.1)$$

1,1-ジフェニル-3,3-
ジメチルヘキサ-1,4-ジエン

$$\xrightarrow{h\nu} \cdots \longrightarrow \cdots \longrightarrow \cdots \quad (10.2)$$

また、後述 (p.114) しますが、一つの C=C 基を C=O 基で置き換えた、β,γ-不飽和結合のあるエノンでも見かけは類似した転位が起こり、これを「オキサ-ジ-π-メタン転位」と呼んでいます。

10-2　共役ポリエンの協奏的特異反応
——環状電子反応 (electrocyclic reaction)

環状電子反応とは：

「n 個の π 電子を持った共役ポリエンが協奏的分子内環化して、(n − 2) 個の π 電子を持つ環状化合物を与える反応、または、その逆反応を環状電子反応と言います」

ここで、「協奏的環化 (concerted cyclization)」と言うのは、σ 結合の形成と π 電子の移動が同時に起こる環化のことです。

この反応は、立体特異的 (stereospecific) に起こり、その立体化学は Woodward-Hoffmann 則（軌道対称性相関則）により説明されます。

例えば、図 10-1 に示したように、E,Z,E-1,6-ジメチルヘキサ-1,3,5-トリエンは熱 (Δ) および光 ($h\nu$) により環状電子反応を起こして、それぞれ単一の立体構造を持つ 5,6-ジメチルシクロヘキサ-1,3-ジエンを与えます。

E,Z,E-1,6-ジメチルヘキサ-1,3,5-トリエン

$trans$-5,6-ジメチルシクロヘキサ-1,3-ジエン

cis-5,6-ジメチルシクロヘキサ-1,3-ジエン

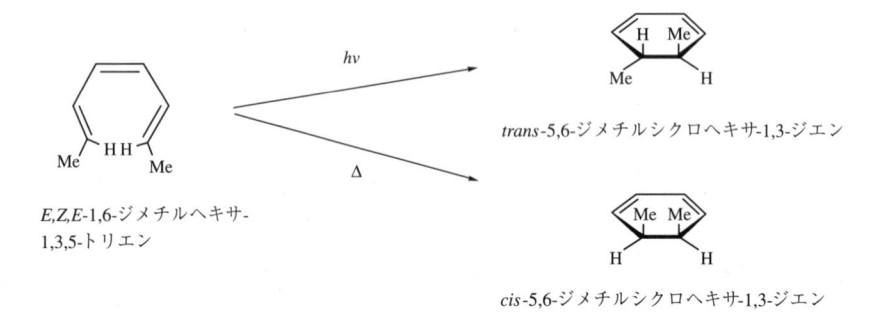

図10-1 ヘキサトリエンの環状電子反応の立体化学

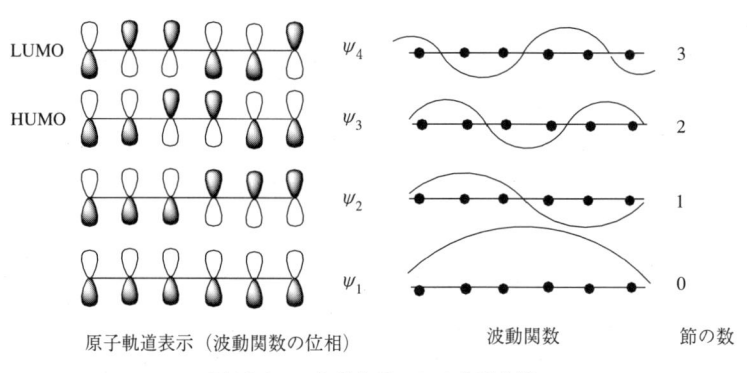

図10-2 ヘキサトリエンの分子軌道

図10-1の反応の立体化学について、その仕組みを考えてみます。

基質のヘキサトリエンの分子軌道の波動関数の位相を白黒で色分けして、エネルギーの低いほうからψ_1, ψ_2, ψ_3…として示すと、図10-2のようになります。

ここで重要なことは、各条件において被占軌道のうち最もエネルギー準位の高い軌道が反応に関与するということです。すなわち、熱反応では、基底状態のHOMO（ψ_3電子）が反応を支配し、光反応では、基底状態のLUMO（励起状態のHOMO）（ψ_4電子）が反応を支配します。このことから、熱反応と光反応の立体化学が説明できます。

図10-2でわかるように、ψ_3では、π電子系両端のCのp軌道は同位相で、

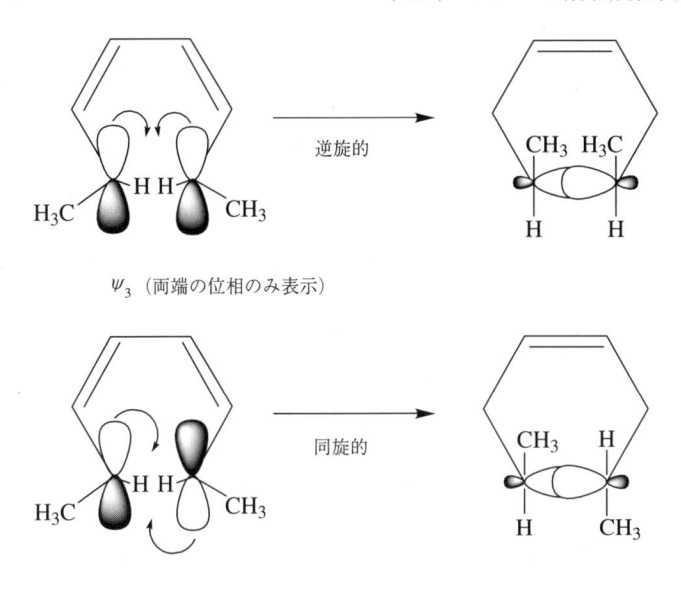

図 10-3　ジメチルヘキサトリエンの同旋的・逆旋的環化

表 10-1　環状電子反応の一般則

反応に関与する π電子数 (q は正の整数)	$h\nu$ 許容過程	Δ 許容過程
4q	dis	con
4q + 2	con	dis

ψ_4 では、逆位相になっています。

　π電子系両端の結合を考えた場合、両炭素の位相が合致して結合が形成されることから、両炭素のp軌道の回転方向は熱反応（ψ_3）と光反応（ψ_4）では当然のことですが異なります。図 10-3 で示したように熱反応では ψ_3 が反応を支配するので、結合するためには両端の回転方向は逆旋的（disrotatory, 略して dis）になり、cis-体が生成します。他方、光反応では、ψ_4 が反応支配なので、回転方向は同旋的（conrotatory, 略して con）となり、trans-体が生成します。

ヘキサトリエンの環状電子反応の立体化学を導いた両端の回転方向を、一般則としてまとめて表 10-1 に示しました。

この一般則はイオンにも適用されます。その例を次に示します。

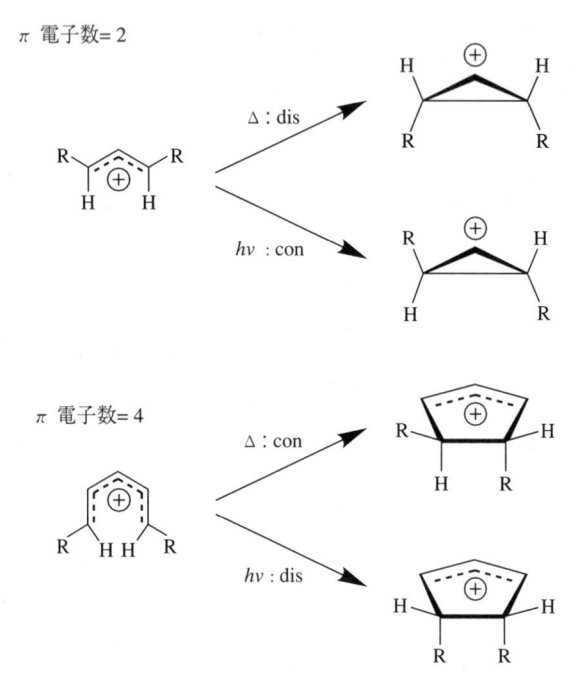

π 電子数= 2

π 電子数= 4

熱および光環状電子反応の適当な実例として、ビタミン D の化学があります。その反応スキームを次頁に図示します。網をかけた箇所が環状電子反応に関係するところですから、そこだけを注意すれば良いでしょう。

第 10 章　ポリエンの特異的光化学反応　101

エルゴステロール　⇌ (hv) 　　　　　ビタミン D
　　　　　　　hv   Δ↕Δ
　　　（環状電子反応）

プレビタミン D

Δ↕Δ　（環状電子反応）

イソピロカルシフェロール　＋　ピロカルシフェロール

↓ hv　　　（環状電子反応）　　↓ hv

フォトイソピロカルシフェロール　　フォトピロカルシフェロール

第11章

カルボニル化合物の光化学反応
——n, π*状態の反応を中心にして

　もっとも重要な発色団であり、官能基であるカルボニル基を持つカルボニル化合物の光化学反応は非常に広範囲にわたって研究されており、学術面、応用面で多くの知見が得られています。したがって、その多数の情報を基盤として、カルボニル基の光化学は学術的に体系化されつつあります。

　本章では、カルボニル基の電子配置、オレフィンにはないn, π*遷移と基本的な反応、二重結合と共役したエノン類の特異的な光化学反応を学習し、カルボニル基の光化学的挙動について解説します。

11-1　カルボニル基の電子配置 (electronic configuration)

　カルボニル基の構造は、図11-1に示したように、炭素、酸素原子共にsp^2平面上にあり、両者の$2p_z$軌道がπ結合軌道を作っています。酸素の2対の非

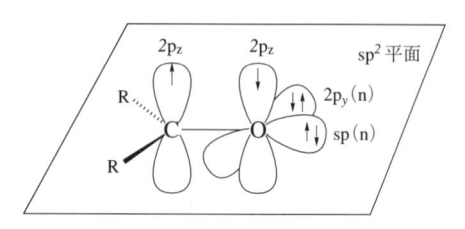

図11-1　基底状態におけるカルボニル基の構造と電子配置

第 11 章 カルボニル化合物の光化学反応

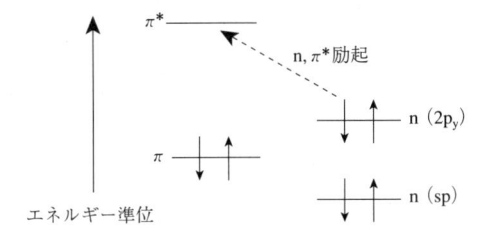

図 11-2 カルボニル基の分子軌道とエネルギー準位

共有電子対の 1 つは、$2p_y$ 軌道で sp^2 平面上で 1 つの非結合性軌道を作っており、他の 1 つは sp 混成軌道で、結合軸線上で非結合性軌道を作っています。

π 軌道と 2 つの n 軌道のエネルギー準位と電子配置を図 11-2 に示しました。

図からわかるように n, π^* 励起は、励起に必要なエネルギーがより少ない $2p_y$ 軌道にある電子が π^* 反結合性軌道に遷移します。

11-2　カルボニル基の n, π^* 励起状態

11-2-1　電子配置と表示法

カルボニル基の n, π^* 励起状態では、反結合性軌道 π^* 軌道に 1 個の電子が存在するため、炭素—酸素結合の二重結合性が減少し、一方、酸素原子の n 軌道に 1 個の電子が残ることから、酸素原子にラジカル的反応性が生じてきます。この二つの性質を表示するため、n, π^* 励起カルボニル基には幾つかの表示法がありますが、本項では、n, π^* 励起カルボニル基の性質を良く表している Chapman 方式と簡便な Zimmermann 方式を紹介します。

(a) Chapman 方式：

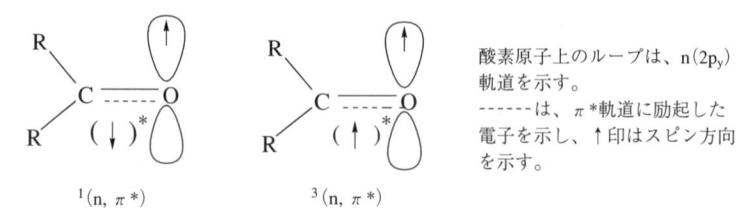

$^1(n, \pi^*)$ $^3(n, \pi^*)$

酸素原子上のループは、$n(2p_y)$ 軌道を示す。
------は、π^* 軌道に励起した電子を示し、↑印はスピン方向を示す。

(b) Zimmermann 方式：

・は π 軌道（π^* 軌道も含めて）にある電子、
y は n 軌道（$2p_y$）にある電子、
○ は n 軌道（sp）にある電子を、それぞれ示す。

11-2-2 電子配置から期待される反応

a) 二つの反応

カルボニル酸素の非結合性軌道（$2p_y$）には不対電子 1 個しか存在しないことから、次の二つの反応が期待されます。

(1) 水素引抜き (hydrogen abstraction)

アルコキシラジカル（RO・）と同じように、水素引抜き反応を起こすことが、容易に予想されます。事実、後で述べるように (p.106)、分子内的にも、分子間的にも水素引抜き反応が効率良く起こります。分子内の水素引抜き反応は、ノリッシュⅡ型反応 (Norrish type Ⅱ reaction) と呼ばれ、ノリッシュⅠ型反応と同様にカルボニル化合物の典型的な反応です。

(2) α-開裂反応 (α-cleavage reaction)

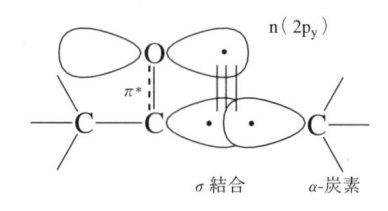

カルボニル基の n, π^* 励起状態では、上に図示したように、電子 1 個しかな

い n（$2p_y$）軌道がカルボニル炭素と α-炭素間の σ 結合軌道と相互作用し合っていることから、α-結合が切れやすくなっています。したがって、α-開裂反応が予想できます。

後述（p.112）するように、開裂は実際に起こり、ノリッシュ I 型反応（Norrish type I reaction）と呼ばれています。

b) n, π^* 励起カルボニル基の電子供与性

基底状態のカルボニル基は、酸素原子の電気陰性度（electronegativity）が炭素原子より大きいことから、電子は酸素側に片寄っています。したがって、基底状態カルボニル基は電子吸引基（electron attracting group）として反応に関係することになります。

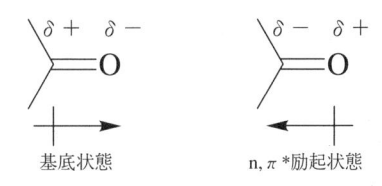

それに対して、n, π^* 励起状態のカルボニル基は、Zimmermann 方式の表示からわかるように、その電子配置より電子密度の大きい酸素原子から炭素原子の方に電子が流れ、したがって、カルボニル基の分極は基底状態とは全く逆になり、電子供与基（electron donating group）として挙動するだろうと予想できます。

カルボニル基の「逆分極」が実際の反応に寄与する状態であることは、次に紹介する反応から、裏付けされています。

水素供与体として置換トルエンを用いた、ベンゾフェノンの光還元反応において、還元反応速度におよぼす置換トルエンの置換基の電子的効果（特に静的誘起効果 inductive effect とエレクトロメリー効果 electromeric effect が重要）を検討したところ、置換基の電子供与性が強くなればなるほど、ベンゾフェノンの光還元反応速度が速くなることが認められました。このことは、励起ベンゾフェノンの求電子的攻撃が起きていることを示しており、したがって、n, π^* 励起状態においてはカルボニル基が逆分極していることを示唆しています。

また、別の例として、基底状態からの発生は困難な電子欠如カルボカチオンである α-ケトカルボカチオンの発生があります。

例えば、式 11.1 に示したような反応がありますが、この場合は、生成物の確認から、α-ケトカルボカチオンの発生が推定されています。

$$\underset{Ar}{\underset{|}{Me-\underset{R}{\overset{Br}{C}}-\overset{O}{\underset{\|}{C}}}} \xrightarrow[\substack{MeOH \\ (n,\pi^*)}]{h\nu} \left[\underset{Ar}{\underset{|}{Me-\underset{R}{\overset{+}{C}}-\overset{O}{\underset{\|}{C}}}} \right]$$

α-ケトカルボカチオン

$$\underset{Ar}{\underset{|}{Me-\underset{R}{\overset{OMe}{C}}-\overset{O}{\underset{\|}{C}}}} + \underset{Ar}{\underset{\underset{\|}{C}}{\overset{R}{\underset{\|}{C}}=CH_2}}\overset{O}{\underset{\|}{C}}$$

（MeOHの求核攻撃生成物）　（Me 基からプロトン脱離生成物）

(11.1)

11-3　n, π^* 状態での主な光化学反応

前節で、カルボニル基の n, π^* 状態の電子配置、その電子配置から予想できる化学反応について述べました。予想した反応は、面白いほど、実際にも起こるので、順を追って実例を示しながら、説明します。

11-3-1　水素引抜き反応 (hydrogen abstraction)

a) 分子内水素引抜き反応 (intramolecular hydrogen abstraction)
　　　　——ノリッシュⅡ型反応 (Norrish type Ⅱ reaction)

n, π^* 励起状態ケトンの酸素は、γ-位の水素（γ-水素）を引抜いて 1,4-ジラジカルを生成し（γ-水素移動（γ-hydrogen transfer）とも呼ばれる）、次いで、そのジラジカルは基質ケトンに戻るか、ラジカルカップリングしてシクロブタノール誘導体を与えるか、または、β-開裂してエノールと α-オレフィンを与えます。この γ-水素引抜きに始まる反応過程を「ノリッシュⅡ型反応」と言い、

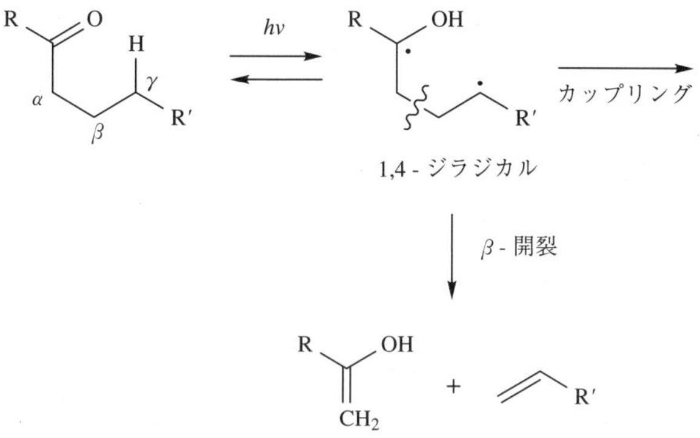

図11-3 ノリッシュⅡ型反応過程

特に開裂してエノールとオレフィンを与える反応過程を「ノリッシュⅡ型脱離反応（Norrish type Ⅱ elimination）」と呼んでいます（その反応パターンを図11-3 に示しました）。なお、この反応は一重項でも三重項でも起こりますが、一重項での反応は立体選択的であり、三重項での反応は立体選択性がないのが一般的です（後述）。

ここで、γ-水素の引抜かれやすさの理由を説明します。

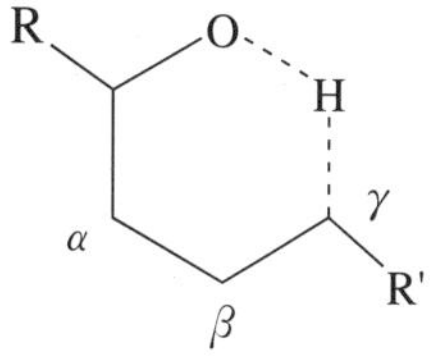

シクロアルカンではメチレン1個当りの燃焼熱は三員環〜十員環の中で六員環が最小値を示します。このことは六員環が環歪みが小さくて最も安定な環であることを示します。水素引抜き過程でも六員環構造遷移状態が最

γ-水素引抜きの遷移状態

も安定と考えられ（反応の活性化エネルギーが最も低くなり、反応速度は速くなる）、したがって、γ-水素が引抜かれやすいと説明できます。

次に、一重項と三重項状態でのノリッシュⅡ型反応の立体化学の相違を、実例を示して考えてみます。

$$\text{PhCH}_2\text{COO-CH(CH}_3\text{)CH(CH}_3\text{)C}_2\text{H}_5 \xrightarrow{h\nu} {}^1(n,\pi^*) \longrightarrow \text{PhCH}_2\text{COOH} + \text{(E-olefin)} \quad (11.2)$$

$$\downarrow$$

$${}^3(n,\pi^*)$$

$$\downarrow$$

$$\text{PhCH}_2\text{COOH} + \text{(E-olefin)} + \text{(Z-olefin)} \quad (11.3)$$

上式に示したように、一重項での反応は立体選択的に起こり、生成するオレフィンは E-体のみであるのに、三重項での反応は立体選択的でなく、E-体と Z-体のオレフィン混合物が生成します。

この理由は、一重項励起状態から生じるジラジカルは一重項であり、短寿命の間で開裂反応が起こるので、不斉中心の立体配置を保持したままで反応は進み、結果として唯一の幾何異性体オレフィンが生成します（式 11.2）。

三重項の場合は、ジラジカルも三重項であるので、電子スピン反転に時間を要し、結合回転が起こって、立体配置は保持されなくなり、結果として、幾何異性体混合物のオレフィンが生成することになります（式 11.3）。また、三重項ジラジカルから、引抜いた H の逆戻りがあって基質ケトンを再生しますが、反応に時間を要することから、再生したケトンはラセミ体になるはずです。

なお、一重項からの反応のみを起こさせる一般的な方法は、三重項消光剤を共存させて照射を行うことで、この場合は一重項反応のみが観測されます。

b) 分子間水素引抜き反応（intermolecular hydrogen abstraction）

この反応は、有機光化学の開拓者である G. Ciamician と P. Silber が 1911 年に、その現象を発表した歴史的な反応です。

ベンゾフェノンとベンズヒドロールのベンゼン溶液を太陽光で二、三日照射

すると、ベンズピナコールの結晶が析出してきます（式11.4）。この反応は励起ベンゾフェノンのカルボニル酸素による水素引抜きに始まります。

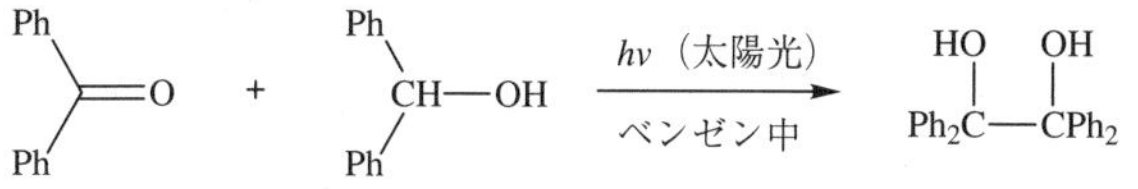

$$\underset{\text{ベンゾフェノン}}{\underset{Ph}{\overset{Ph}{>}}C=O} + \underset{\text{ベンズヒドロール}}{\underset{Ph}{\overset{Ph}{>}}CH-OH} \xrightarrow[\text{ベンゼン中}]{h\nu \text{（太陽光）}} \underset{\text{ベンズピナコール}}{\underset{\ \ |\ \ \ \ \ \ |}{Ph_2C-CPh_2}^{HO\ \ \ OH}} \quad (11.4)$$

この反応の反応過程を図11-4に示しましたが、ベンズヒドロール以外の水素原子供与体、たとえば、イソプロピルアルコールを使用した場合でもラジカル反応で進みます。

ベンゾフェノンがn, π^*一重項状態に励起し、項間交差してn, π^*三重項状態に遷移し、ベンズヒドロールから水素を引抜いて2分子のジフェニルヒドロキシメチルラジカル（ケチルラジカル、ketyl radical）を与え、それがカップリングしてベンズピナコールが生成します。

アセトフェノンでも同様な反応が効率良く起こります。また、キノン類も光水素引抜き反応をして還元されます。

話が飛躍しますが、このキノンによる光水素引抜きが、衣服の劣化に大いに関係しています。それは、セルロース繊維の染色に使用されるアントラキノン

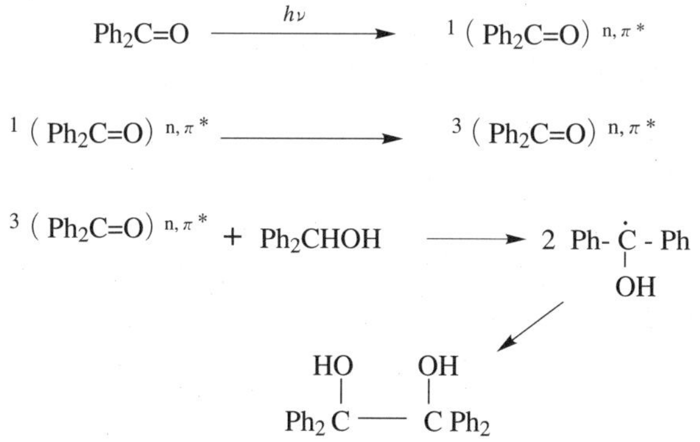

$$Ph_2C=O \xrightarrow{h\nu} {}^1(Ph_2C=O)^{n,\pi^*}$$

$${}^1(Ph_2C=O)^{n,\pi^*} \longrightarrow {}^3(Ph_2C=O)^{n,\pi^*}$$

$${}^3(Ph_2C=O)^{n,\pi^*} + Ph_2CHOH \longrightarrow 2\ Ph\text{-}\underset{OH}{\overset{\cdot}{C}}\text{-}Ph$$

$$\underset{Ph_2C}{\overset{HO}{|}} - \underset{CPh_2}{\overset{OH}{|}}$$

図11-4 ベンゾフェノンの光還元反応

系染料が、光照射下、セルロース分子のグルコース基から水素を引抜き、これが引き金となって、セルロースの切断が起こり、繊維の劣化を誘発し、極端に言えば布がボロボロになると考えられています。反応は下に示したように起こるようです。

上に示したように、染料のアントラキノン部の n, π* 励起カルボニル酸素がセルロース分子の β-グルコピラノース環の 1 位の水素を引抜き、次いでエーテル結合が切れ、セルロースが崩壊してゆき、繊維の劣化となります。

c) 光化学に特有な置換基効果

励起ベンゾフェノンの環上の置換基が水素引抜きにどのように影響するかを検討することは、励起状態に及ぼす置換基の効果に係わる知見を得ることになるので、光化学では大変に興味深く重要な課題です。

表 11-1　置換ベンゾフェノンの最低励起三重項の電子配置

置換基	電子配置（溶媒）
H	n, π* （シクロヘキサン）
	n, π* （イソプロピルアルコール）
p-CF$_3$	n, π* （シクロヘキサン）
p-NH$_2$	n, π* （シクロヘキサン）
	C-T （イソプロピルアルコール）
p-OH	n, π* （シクロヘキサン）
	C-T （イソプロピルアルコール）
m-MeO	π, π* （シクロヘキサン）
p-Me, o-Me	π, π* （シクロヘキサン）

　特に、課題の焦点は、置換ベンゾフェノンの最低励起三重項状態がπ,π*なのか n,π*状態なのかに絞られます。実際に、置換基により最低励起三重項状態がπ,π*状態あるいは C-T（電荷移動励起）状態をとる場合があり、その場合は水素引抜きが起こらずに基底状態に戻ります。代表的な例を表 11-1 にあげてみます。

　電荷移動励起状態の極限構造式（limiting structure）を p-アミノベンゾフェノンを例として示しますと、式 11.5 のようになります。

$$\text{H}_2\text{N}-\text{C}_6\text{H}_4-\text{CO}-\text{Ph} \xrightleftharpoons{h\nu} \text{H}_2\text{N}^+=\text{C}_6\text{H}_4=\text{C}(\text{O}^-)-\text{Ph} \tag{11.5}$$

電荷移動励起

　この場合の三重項状態での電荷移動励起のエネルギー準位の相対的な位置は、右のようになります。したがって、最低励起状態が C-T となり、水素引抜きは起こりません。

```
―――― π,π*
―――― n,π*
―――― C-T
エネルギー準位
```

11-3-2 α-開裂 (α-cleavage)
——ノリッシュ I 型反応 (Norrish type I reaction)

　n, π* 励起したカルボニル基に隣接する α-結合が切断し、ラジカル対が生成する反応を「ノリッシュ I 型反応」あるいは「α-開裂 (α-cleavage)」と言います。

　この反応は一重項状態あるいは三重項状態からも、また、n, π* でも、π, π* でも起こります。先に述べたように、1 個の不対電子しか存在しない n 軌道と σ 結合軌道との相互作用により、σ 結合の開裂が容易になることから、α-開裂 は n, π* 状態の方が効率良く起こります。

　いくつかの例を示します。

　ペンタン-3-オンは脱カルボニル化してエタン、エチレン、およびブタンを与えます (式 11.6)。この脱カルボニル化は、生成するラジカルが不安定な第一級ラジカルであるため生成速度は遅く、したがって、起こりにくい反応になります。それに加えて、溶液中では分子同士の衝突による振動失活が優先するため反応はますます起こりにくくなります。この脱カルボニル化は、振動失活の確率の小さい気相中では起こり、生じたエチルラジカルは不均化 (disproportionation) してエチレンとエタンとなり、ラジカルカップリングしてブタンを与えます。

　また、ベンジルケトンでは、脱カルボニル化して安定なベンジルラジカルが生じるため、反応が起こりやすく、したがって、溶液中でも起こり、約 100% の収率で 1,2-ジフェニルエタンが生成します (式 11.7)。

$$\text{ペンタン-3-オン} \xrightarrow[\text{気相中}]{h\nu} CO + 2\,CH_3\dot{C}H_2 \xrightarrow{\text{不均化}} CH_2=CH_2 + CH_3CH_3 \quad (11.6)$$
$$\xrightarrow{\text{結合}} \text{(ブタン)}$$

$$\text{ベンジルケトン (Ph-CO-CH}_2\text{Ph)} \xrightarrow[\text{溶液中}]{h\nu} CO + Ph\text{-}CH_2CH_2\text{-}Ph \quad (11.7)$$

このように、ノリッシュⅠ型反応はラジカル開裂であるため、反応の起こりやすさはラジカルの安定性に依存し、したがって、ケトンの構造に依存します。

たとえば、α-開裂で生じるラジカルの安定性から開裂位置が決まることを実証する例として、次のような反応があります。

$$\text{2,2-ジメチルシクロヘキサノン} \xrightleftharpoons{h\nu} \cdots \rightarrow \text{ケテン} \xrightarrow{H_2O} \text{HOOC}\cdots \text{カルボン酸} \quad (11.8)$$

$$\text{2,2,6,6-テトラメチルシクロヘキサノン} \xrightleftharpoons{h\nu} \cdots \rightarrow \cdots + \text{不飽和アルデヒド} \quad (11.9)$$

式 11.8 の例で示したように、第一級ラジカルより安定な第三級ラジカルを与える α-開裂が優先して起こることがわかります。

この反応で興味深いのは、ケテンが生成することです。一般に α-炭素に H 原子がある六員環ケトンは、ケテンを与え、したがって、水中で反応を行えばカルボン酸が生成します。他方、α-炭素に H 原子のない 2,2,6,6-テトラメチルシクロヘキサノンの反応（式 11.9）では、α-開裂後、メチル基あるいはメチレン基から水素を引抜いて不飽和アルデヒドが生成します。

ノリッシュⅠ型反応に関する多数の研究は、基礎と応用面にわたって行われていますが、その中から、幾つかの興味深い光化学特異的な反応を拾ってみます。

環拡大反応の例として、四員環シクロブタノンの五員環テトラヒドロフランへの環拡大があります（式 11.10）。この反応は、α-開裂で生成したアシルラジカルの酸素がアルキルラジカルを攻撃してカルベンを与え、カルベンが溶媒のアルコールの O-H に挿入反応を起こして、テトラヒドロフラン環を生成す

る反応です。

$$\text{(式 11.10)}$$

カルベン

　式 11.11 は、β,γ-不飽和結合がα-開裂を助け、次いで、アシル基が 1,3-移動あるいは 1,2-移動して環縮小する反応例です。

　ビシクロ [4.4.0] デセノンの反応の場合（式 11.12）は、生成物の構造式中にシクロプロピルケトンが組み込まれています。この環縮小反応は、先に非共役 1,4-ジエンのところで述べた「ジ-π-メタン転位」と見かけ上類似した転位であり、ジエンの一つの C＝C 二重結合を C＝O 二重結合に置き換えた化合物の転位であることから、「オキサ-ジ-π-メタン転位」(oxa-di-π-methane rearrangement) と呼んでいます。しかし、その反応過程は、ジ-π-メタン転位とは異なり、励起カルボニルのα-開裂から始まると考えられています。

$$\text{(11.11)}$$

アシル基の1,2-移動

$$\text{(11.12)}$$

ビシクロ [4.4.0]
デセノン

11-3-3　α-開裂の実用面への利用——光重合開始剤

　光や放射線の照射により、溶解性、軟化点、接着性など物理的、化学的性質が変化する高分子材料をフォトポリマー（感光性樹脂）と呼んでおり、塗料、印刷インキ、印刷回路形成用レジスト、接着剤などの表面加工剤や医用材料の分野に実用化されています。

　フォトポリマーの組成は、光硬化成分、光重合開始剤、ポリマーバインダ（高分子結合剤）および添加剤から構成されています。

　光重合開始剤として実用化されているものの中に、「ラジカル光重合開始剤」がありますが、その開始剤は光によるカルボニル基の「α-開裂」あるいは「水素引抜き」により光重合活性のあるラジカルを発生するカルボニル化合物です。

　また、α-開裂型開始剤には、(a) C–C 結合開裂型、(b) C–P 結合開裂型および (c) C–S 結合開裂型がありますが、C–C 結合開裂型について、概略を説明します。

　代表的なものとして、ベンゾインエーテルがあります。

　ベンゾインエーテルはノリッシュⅠ型反応によって、ベンゾイルラジカルとアルコキシベンジルラジカルを生成します（式11.13）。ベンゾイルラジカルは重合開始剤として作用しますが、アルコキシベンジルラジカルはフォトポリマーの組成によって、重合開始剤になる場合と、連鎖移動剤になる場合があります。この二つのラジカルの性質の差を利用することによって、硬化物の物性が制御されるようです。

(11.13)

　　　ベンゾインエーテル　　　ベンゾイルラジカル　アルコキシベンジルラジカル

　また、ベンジルケタールは、不安定な、したがって反応活性の高いメチルラジカルが発生することから（式11.14）、重合後期段階における硬化に役立つ重

合開始剤として利用されています。

$$\text{(11.14)}$$

ベンジルジメチルケタール　　　　　　　　　ジメトキシベンジルラジカル

11-3-4　アルケンへの環化付加
——パテルノ・ビュッヒ反応（Paterno-Büchi reaction）

　E. Paterno や G. Büchi らの研究で明らかにされた反応で、オレフィンへの励起ケトンの環化付加によるオキセタン（oxetane）の生成反応があります。
　オキセタンは酸素原子を1個持つ四員環化合物です。

$$\text{(11.15)}$$

　この反応は、ケトンの最低励起三重項が n, π^* 状態である場合に起こり、π, π^* の場合は起こりにくいことが知られています。この理由は、先にカルボニル基の n, π^* 状態の電子配置（p.105）を説明したように、励起カルボニル基は酸素原子のn軌道に不対電子1個しか存在しないことから、ラジカル性を示

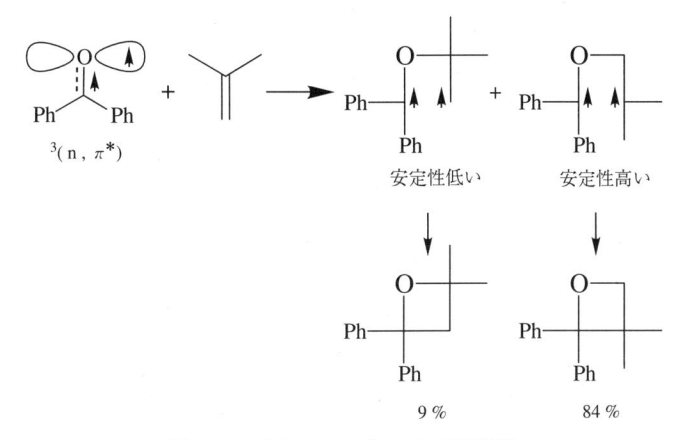

図 11-5 パテルノ・ビュッヒ反応経路

し、さらに、酸素原子のp電子密度が大になるため、基底状態カルボニル基とは異なり、酸素原子から炭素原子のほうに電子が流れ、したがって、n, π*カルボニル基の酸素原子は、求電子的挙動（electrophilic behavior）を示すようになり、電子密度の高いオレフィンの二重結合を容易に攻撃するためと考えられます。この反応過程を、ベンゾフェノンの2-メチルプロペンへの付加を例にとって、図11-5で説明します。

ベンゾフェノンのn, π*励起状態のカルボニル酸素がラジカル的に2-メチルプロペンを攻撃してジラジカルを与えます。ジラジカルは2種類考えられますが、図示したように、安定な第三級ジラジカルを経て、2,2-ジフェニル-3,3-ジメチルオキセタンが優先的に生成します。

オレフィンに代わって、アセチレン誘導体を用いてもパテルノ・ビュッヒ反応は起こり、不安定中間体としてオキセテン（oxetene）を経て、α, β-不飽和ケトンが生成します（式11.16）。

$$Ph_2C=O \ + \ RC\equiv CR \ \xrightarrow{h\nu} \ \left[\begin{array}{c} \text{Ph}\substack{O\\Ph}\substack{R\\R} \end{array} \right] \ \longrightarrow \ \substack{Ph\\Ph}C=C\substack{COR\\R} \tag{11.16}$$

　また、電子吸引基が置換して電子密度が低下したオレフィンでも、たとえば1,2-ジシアノエチレンの場合は、オキセタン環は生成します。しかし、これまで説明してきたパテルノ・ビュッヒ反応のラジカル機構とは異なり、カルボニル化合物の一重項 n, π* 励起状態が反応に関与し、立体特異的にオキセタン誘導体が生成します（式 11.17）。この反応は、ジラジカル中間体が介在しない過程を経て進むと考えられています。すなわち、オキセタン環を形成するための二つの σ 結合が協奏的に形成されると言われています。

$$^1(R_2C=O)^{n,\pi^*} \ + \ \substack{NC\\H}C=C\substack{CN\\H} \ \longrightarrow \ \text{(oxetane)} \tag{11.17}$$

　以上説明したオキセタン生成は、オレフィンの性質により、その反応機構が異なりますが、合成化学分野では重要な役割を果たしています。しかし、その一方、パテルノ・ビュッヒ反応の合成化学への利用には、それを妨害する要因が潜んでいます。その要因をパテルノ・ビュッヒ反応の副反応として理解することが、オキセタン生成を合成化学に利用する場合に必要になります。その副反応を次項で説明します。

11-3-5 パテルノ・ビュッヒ反応の副反応
——オキセタン生成を合成化学に利用する場合の問題点

a) アリル水素（allylic hydrogen）引抜き反応と競争する問題点

パテルノ・ビュッヒ反応に関与するカルボニル基は $^3(n, \pi^*)$ であるので、引抜かれやすい水素であるアリル水素がある場合は、アリル H-引抜き反応と C＝C 二重結合への環化付加反応が競争的に起こるようになります（式 11.18）。このため反応は複雑になり、パテルノ・ビュッヒ反応はオキセタン合成に不向きになります。

(11.18)

b) 励起ケトンが三重項光増感剤として働く問題点

ケトンの三重項エネルギーがオレフィンの三重項エネルギーを上回る場合に、三重項エネルギー移動がパテルノ・ビュッヒ反応より優先して起こることがあります。

例えば、ノルボルネンを基質として、ケトンとしてアセトンを用いた場合は、オキセタンは生成せず、アセトンが増感剤となり、エネルギー移動でノルボルネンが三重項状態に励起し、次いでこれが二量化を起こします。

他方、ベンゾフェノンを用いた場合は、ベンゾフェノンのカルボニル基とノ

表 11-2　基質の最低励起三重項エネルギー

	ノルボルネン	アセトン	ベンゾフェノン
E_T (kJ mol^{-1})	301	～326	289

ルボルネンの C＝C 二重結合の間で、パテルノ・ビュッヒ反応が起こりオキセタンが生成します。この相違は、表 11-2 に示したそれぞれの最低励起三重項エネルギー（E_T）を比較すればわかります。すなわち、E_T がノルボルネンより高いアセトンでは光増感が、低いベンゾフェノンではパテルノ・ビュッヒ反応が起こります。

アセトンおよびベンゾフェノンを用いた場合のそれぞれの光化学反応経路を図 11-6 にまとめて示しました。

図示したように、アセトンを用いた場合はノルボルネンの二量化によって (2 + 2) 環化付加が起こります。他方、ベンゾフェノンを用いるとオキセタンが生成しますが、生成したオキセタンは開環して、シクロペンタン誘導体を与

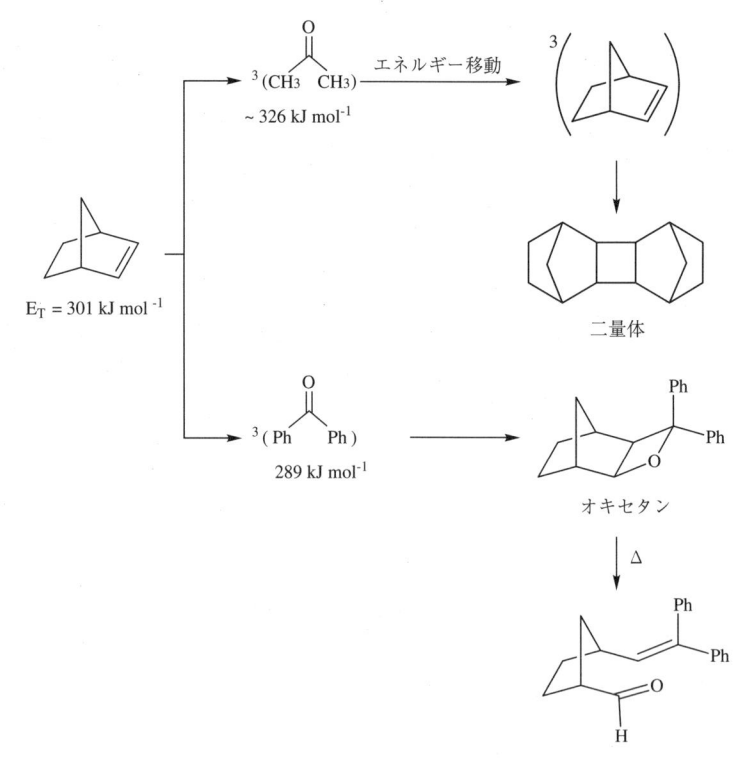

図 11-6　ノルボルネンの光増感反応

えます。

パテルノ・ビュッヒ反応で生成したオキセタンを中間体とした合成反応があります。その一例として、ある種のハエのフェロモンであるノネノール（non-6-en-1-ol）の合成があります（式 11.19）。

$$\text{プロパナール} + \text{シクロヘキサ-1,3-ジエン} \xrightarrow{h\nu} \text{[オキセタン]} \longrightarrow \text{ノン-6-エン-1-オール} \quad (11.19)$$

11-4　π,π^* 状態での還元反応

これまで述べてきたように、n,π^* 状態では、α-開裂反応、水素引抜き反応、およびパテルノ・ビュッヒ反応を起こすのに対し、π,π^* 状態では、このような反応は起こらないか、あるいは、起こりにくくなります。n,π^* 状態でこのような反応が起こるのは、全て、n,π^* 状態でのカルボニル酸素が非結合性軌道に不対電子 1 個しか持っていないことに起因しています。

最低励起状態が π,π^* 状態である不飽和ケトンは、一般には、環化付加あるいは二量化を起こすことが知られています。これは、励起ケトンの寿命が、表 11-3 に示したように、n,π^* 状態より π,π^* 状態のほうが長いことに理由があるようです。

寿命の長いことから、π,π^* 状態からの二量化は、基質ケトンの励起錯体であるエキシマー（excimer）を経て進むと考えられています。ここで、光化学反応における重要な励起錯体（excited complex）について、簡単に説明します。

基底状態では錯体を形成しない二つの分子 A と B から構成される溶液系において、A が励起して励起分子 A* になり、基底分子 B と励起状態を保ったまま錯体 (A・B)* を生成する場合、この錯体を励起錯体と呼びます。なお、A と B が異種分子の場合には、この錯体を「エキシプレックス（exciplex）」と呼び、

表11-3 励起ケトンの電子配置と寿命

ケトン	最低励起状態	寿命 (msec)
プロピオフェノン	n, π*	5
アセトフェノン	n, π*	4.0
m-メトキシプロピオフェノン	π, π*	370
o,p-ジメチルアセトフェノン	π, π*	170
m-メトキシアセトフェノン	π, π*	250

("Molecular Reactions and Photochemistry" より引用)

同種 (A = B) の場合に「エキシマー」と呼びます。

以上のように、π, π*状態のケトンは、n, π*状態とはかなり異なった光化学的挙動を示します。たとえば、アミンの存在下では、全てのアリールケトンは、最低励起状態がπ, π*状態であっても、アミンによる還元反応を起こします。この場合の反応機構は今まで述べてきた n, π*励起カルボニル酸素原子による水素引抜きとは全く異なる機構で進みます。その機構の概略を式11.20に示します。

$$\underset{Ar}{\overset{O}{\underset{\|}{C}}}-R + Et_3N \xrightarrow[\text{一電子移動}]{h\nu} \underset{Ar}{\overset{O^-}{\underset{\bullet}{C}}}-R + H_3C-\overset{H}{\underset{H}{\overset{|}{C}}}-\overset{+\bullet}{N}Et_2 \quad (11.20)$$

アニオンラジカル

↓ プロトン移動

$$\underset{Ar}{\overset{OH}{\underset{\bullet}{C}}}-R + H_3\overset{\bullet}{C}-CH-NEt_2$$

ケチルラジカル

まず励起カルボニル基にアミン窒素原子の非結合電子対から電子1個がカルボニル基に移動 (一電子移動、one electron transfer) してアニオンラジカルが生じます。次いでアミンのカチオンラジカルから、α-水素 (Nの隣のC上のH) がプロトンとしてアニオンラジカルに移動 (プロトン移動、proton transfer) し、

基質ケトンはケチルラジカルとなります。結局は n, π* カルボニル基が水素を直接引抜いたと同じ結果となります。なお、電子移動・プロトン移動反応は効率良く起こるので、直接の水素引抜きよりもケチルラジカルの生成速度は速いとされています。

この「一電子移動・プロトン移動」の過程は、光化学反応における重要な過程の一つです。

同様な機構の還元反応は、アミンの代わりに α-水素を持つアルキルベンゼンを使用しても起こります。例えば、アルキルベンゼンがトルエンの場合、一電子移動・プロトン移動により、ケチルラジカルとベンジルラジカルが生成します（式 11.21）。

$$\text{Ar-CO-R} + \text{PhCH}_3 \xrightarrow[\text{一電子移動}]{h\nu} \text{Ar-}\overset{\cdot}{\text{C}}(\text{O}^-)\text{-R} + \text{[PhCH}_3\text{]}^{\cdot +} \xrightarrow{\text{プロトン移動}} \text{Ar-}\overset{\cdot}{\text{C}}(\text{OH})\text{-R} + \text{Ph}\overset{\cdot}{\text{CH}}_2 \quad (11.21)$$

アニオンラジカル

11-5　α, β-不飽和環状ケトン（共役エノン）の光化学
—— 2-シクロヘキセノンの光化学

二重結合とカルボニル基が共役しているエノンの光化学は、励起エネルギーがそれぞれの発色団に局在化しているのか、それとも共役系全体に非局在化しているのか、それに加えて、それに伴う反応が単独のカルボニル基とは異なり、特異的なのか等についての発色団集合系の基本的情報を与えてくれます。したがって、単独のカルボニル基の光化学同様に、学術的に重要な分野の一つです。

本節では、その全容の解説は他書に譲ることにして、2-シクロヘキセノンを例にして、その光化学反応の特異性を説明することにします。

未置換2-シクロヘキセノンは、$^3(\pi,\pi^*)$ 状態からエキシマー形成を経て、(head-to-head) 二量体と (head-to-tail) 二量体を与えます。すなわち、C＝C二重結合間の (2 + 2) 環化付加によるシクロブタン環生成反応が起こります。この場合は、オキセタン生成は見られません (式 11.22)。

$$\text{2-シクロヘキセノン} \xrightarrow{h\nu} \text{head-to-head} + \text{head-to-tail} \tag{11.22}$$

同様な (2 + 2) 環化付加は、シクロヘキセノンと 1,1-ジメトキシエチレンでも起こります。この場合、興味深いのは、生成した付加体の立体化学で、歪みの多いトランス体が歪みの少ないシス体より多く生成することですが、その理由はわかりません。

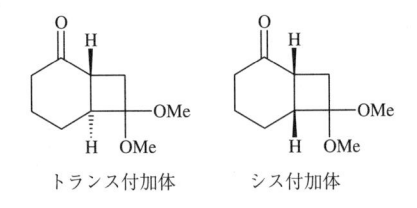

トランス付加体　　シス付加体

以上のように、2-シクロヘキセノンでは、カルボニル基のパテルノ・ビュッヒ反応は起こらないようですが、4-位に置換基のある 4,4-ジアルキル-2-シクロヘキセノンでは、カルボニル基でのパテルノ・ビュッヒ反応およびオレフィン部位での (2 + 2) 環化付加反応に加え、転位反応が起こります (図 11-7)。

図 11-7 で示した諸反応のうち、3 番目のビシクロ [3.1.0] ヘキサン-2-オンへの転位反応について、説明します。

R,R′共にメチル基である 4,4-ジメチル-2-シクロヘキセノンは、見かけ上、

シス体とトランス体

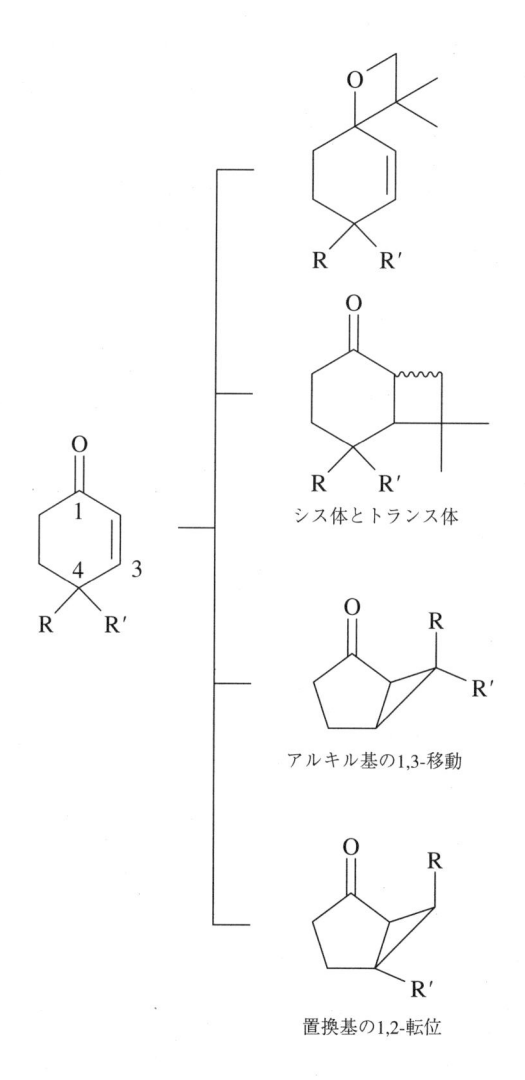

アルキル基の1,3-移動

置換基の1,2-転位

図 11-7　4,4-二置換-2-シクロヘキセノンの光化学反応概念図

C_4–C_5 結合が C_3–C_5 結合に移動して、C_4–C_2 結合が形成される反応です。この反応過程の反応機構を明らかにするために、いろいろと反応条件を変えて検討がなされています。

例えば、酢酸水溶液中の光照射では、環縮小したシクロペンタノン誘導体が生成します。この反応は、双性イオン（zwitter ion）を経て進むとすれば合理的に説明できます（式 11.23）。

$$\text{(11.23)}$$

双性イオン中間体 (zwitter ion)

この反応例から、シクロヘキセノンのビシクロヘキサノンへの転位反応の中間体としても、同様な双性イオンの介在が予想されました。しかし以下の結果より、双性イオン中間体は考えにくいようです。すなわち、4-メチル-4-フェニル-2-シクロヘキセノンの光照射では、C_4 位での立体配置（configuration）が反転したビシクロヘキサノンが一種類のみ生成します（式 11.24）。すなわちこれは、立体特異的に転位反応が起こったことを示しています。ここで、双性イオン中間体の介在を考えると、式 11.24 に示したように、カルボカチオン部での結合軸の回転により双性イオン中間体は二つの異性体が考えられ、生成物も二種類の異性体混合物になることになります。しかし、実際の結果は、転位生成物は一種類であり、双性イオン中間体の介在は、ビシクロヘキサノンへの転位反応では考えにくいことになります。

第 11 章 カルボニル化合物の光化学反応　127

(11.24)

双性イオン中間体

異性体混合物

では、どのような反応経路で転位反応が起こるかを考えてみます。

先にシクロヘキセンの *E*–*Z* 異性化は「ねじれ励起状態」を経て「歪み」の大きい *E*-体を生成することを説明 (p.83) しましたが、それと同じように、この転位反応も「ねじれ励起状態」を経て進むと予想されます。

(11.25)

ねじれ励起状態　　アルキル基の1,3-移動

また、カルボニル基のノリッシュ I 型開裂反応が n, π* 状態で起こりやすいのは、軌道—軌道相互作用によると説明 (p.104) したように、「ねじれ励起状態」における C_3 の p 軌道と C_4–C_5 間の σ 結合軌道との相互作用により、C_4–C_5

結合が開裂しやすくなり、さらに、この転位反応が立体特異的であることを考え合わせると、結合開裂と環組換え反応が協奏的に進むと考えれば、この転位反応が理解できます（なお、このように、4-位の置換基の移動がない転位反応を「Type A 形式」と呼ぶ場合があります）。

これに対して、4-位にある置換基が 1,2-移動して起こる転位反応（「Type B 形式」と呼ぶ場合があります）について説明します。

4,4-ジフェニル-2-シクロヘキセノンは光により、三重項状態でフェニル基の 1,2-移動を伴った転位が起こり、ビシクロ [3.1.0] ヘキサノンを与えます（式 11.26）。

(11.26)

この転位反応の仕組みは、先に述べた非共役 1,4-ジエンのジ-π-メタン転位 (p.97) の仕組みと同様に考えられます。

その仕組みをわかりやすくするため、反応を段階的に示して説明します（式 11.27）。

(11.27)

シクロヘキセノンの 3-位の炭素とベンゼン環の 1-位の炭素が結合したシクロプロパン誘導体のジラジカルを考え、次いで 4-位とベンゼン環の間の結合が切れて、シクロヘキサン環の 4-位と 2-位に新しく結合ができれば転位生成

物となります。この場合、3-位の炭素とベンゼン環 1-位の炭素間の結合形成は、シクロヘキセノンのオレフィン部位の「ねじれ励起状態」において、3-位炭素の p 軌道（1 個の電子が局在化している）とベンゼン環の 1-位炭素の p 軌道の相互作用で形成されると考えられます。

以上述べてきたシクロヘキセノンの転位については、4-メチル-4-フェニル-2-シクロヘキセノンの転位が、極性溶媒中では Type A 形式であり、非極性溶媒中では Type B 形式であることから、極性溶媒中では双性イオン中間体を、他方、非極性溶媒中ではジラジカル中間体を経て進むとの説もあります。

11-6　共役ジエノンの光化学
——2,5-ジエノンと 2,4-ジエノン

共役エノンがカルボニル基で交差している共役ジエノンを交差共役ジエノン（cross conjugated dienone）と呼んでいますが、4,4-ジフェニルシクロヘキサ-2,5-ジエノンの光化学は古くから詳細な研究がなされています。前節で述べたシクロヘキセノンの場合と同様な転位を経たと考えられるビシクロヘキセノンが光生成物であり、効率の良い反応です（式 11.28）。

<chemical structure> (11.28)

この反応は、n, π^* 三重項を経て進み、次式に示したように C_3 と C_5 が結合してジラジカルになり、次いで、π^* 電子が酸素原子の n 軌道に失活（$\pi^* \to n$）して基底状態の双性イオン中間体となります。続いて式に示したような電子の流れで、カルボアニオン転位して転位生成物ビシクロヘキセノンを与えます。

交差共役ジエノンの光化学はサントニン（santonin）でもみられます。たとえば、メタノール中、サントニンが光によりルミサントニン（lumisantonin）に異性化する反応は交差共役ジエノンの転位反応の良い例の一つです。

反応過程は下式に示したように、まず、六員環双性イオンが生成し、アルキル基の1,2-移動で環縮小して五員環となり、次いで、電子の再配列により、ルミサントニンが生成すると考えられています。

次に、共役した二重結合が、ノリッシュⅠ型反応の効率を高める例として、シクロヘキサ-2,4-ジエノンの光化学反応があります。

シクロヘキサジエノンは、4-位の二重結合の関与でノリッシュⅠ型反応が効率良く起こり、ケテンを生成します。ケテンはプロトン性溶媒、例えばアルコール中では、ジエン酸エステルになります。他方、非プロトン性溶媒の場合は、元のシクロヘキサ-2,4-ジエノンに戻るか、ビシクロ［3.1.0］ヘキサ-3-エン-2-オンに環化します。

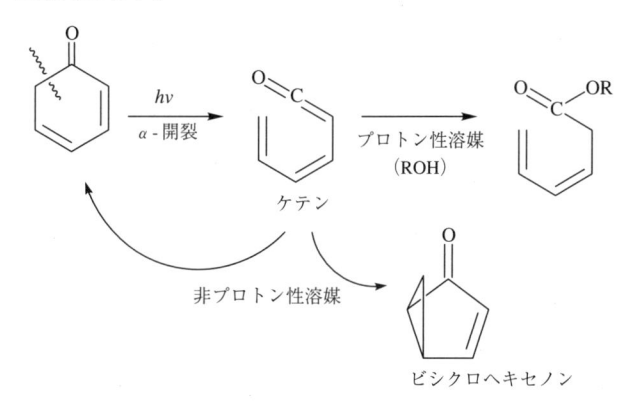

第 12 章

ベンゼン類の光化学反応

　ベンゼン類の持つ「不飽和性」と「化学的安定性」の二面性を説明する芳香環の共鳴安定化が、光の吸収により崩れてしまう場合があります。ベンゼン類は光の吸収により、結合の組換えをして、芳香族性をなくし、化学的安定性もなくなり、特異的な化学反応を起こします。

　本章は、ベンゼン類や複素環芳香族化合物の光反応、それも基本的な反応を解説して、基底状態のベンゼン類と挙動が全く異なる芳香族化合物の励起状態での性質を理解します。

　1825 年、ロンドンのガス灯の容器に溜った油性部分から、イギリスの物理学者 Faraday によってベンゼンが発見されました。その後、ベンゼンに係わる研究は、Kekulé の構造式、分子軌道法による Hückel 則や芳香族性（aromaticity）

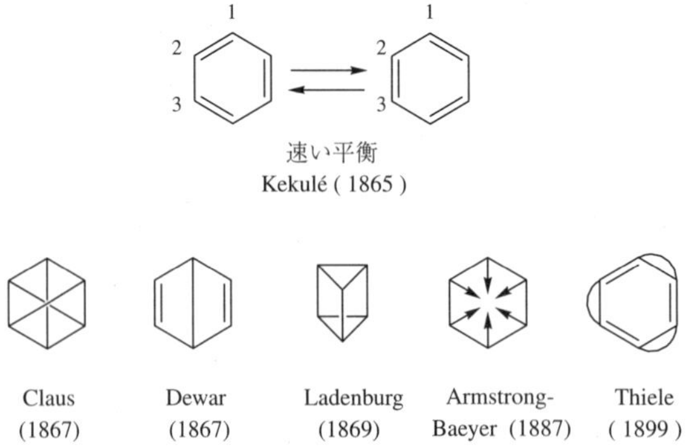

速い平衡
Kekulé (1865)

| Claus | Dewar | Ladenburg | Armstrong- | Thiele |
| (1867) | (1867) | (1869) | Baeyer (1887) | (1899) |

図 12-1　ベンゼンの推定構造

の定義、また共鳴 (resonance) 概念の確立など、有機化学の学問体系を作り上げるのに必要な幾つかの知見を生み出しました。このように重要な一連の研究成果は、ベンゼンの「不飽和性と化学的安定性」という二面性が演出したものです。

ベンゼン環の化学的安定性を示すよく知られている事実として、ベンゼンは不飽和化合物であるにもかかわらず過マンガン酸カリウム水溶液とか臭化水素とは全く反応せず、また、アルキルベンゼンを熱過マンガン酸カリウムで処理すると、ベンゼン環は全く変化せず、側鎖のみが酸化されて安息香酸を与えることなどがあります。

ベンゼン環の化学的安定性は、Hückel 則から理解されるように、π 電子系が炭素環上に等しく非局在化していることに起因しています。しかし、これも基底状態での話で、電子配置の異なる電子的励起状態では、ベンゼン環の化学的挙動がだいぶ変わる場合があります。たとえば、基底状態では起こらない反応が励起状態で起こるようになることがあります。言い換えれば、同じ分子でも、その電子配置によって異なる化学的挙動を示すということです。その多様な挙動を把握することは、物質の本質を知るためには重要なことです。

12-1　芳香環の結合組換え反応
　　　——原子価異性 (valence isomerism)

12-1-1　ベンゼン環

互いに構造異性である分子の相互変換が、結合の組換えだけで起こるとき、この反応を「原子価異性」と呼び、生成異性体を「原子価異性体 (valence isomer)」と呼んでいます。

ベンゼンの原子価異性体を図 12-2 に示します。

ベンゼンは一般に、無放射失活の効率が高いので、光に安定な化合物と言え

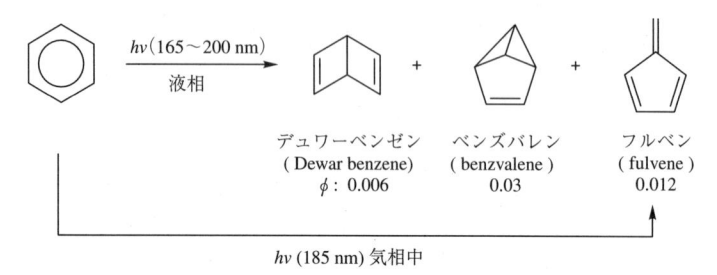

図 12-2 ベンゼンの原子価異性体

ます。しかし、液相中、真空紫外光を照射すると、低量子収率ながら、図12-2 に示したように原子価異性化（valence isomerization）を起こし、液相中ではデュワーベンゼン、ベンズバレン、フルベンの三つの異性体が生成し、気相中では、フルベンのみが生成します。

　これら原子価異性体は熱的に不安定であるため、単離することはできません。

　非常に不安定な原子価異性体の同定は、安定な化合物に誘導して構造確認をするのが一般に行われる方法ですが、この場合もその手法をとります。

　たとえば、ベンゼン異性体をオレフィンとの付加体に誘導して、その構造を確認します（式 12.1, 12.2）。

$$\text{(式 12.1)}$$

$$\text{(式 12.2)}$$

　ただ、特殊な置換ベンゼンの場合、その原子価異性体を単離することができます。たとえば、かさ高い t-ブチル基が置換したベンゼンでは、実際にトリ-t-ブチルデュワーベンゼン、トリ-t-ブチルベンズバレン、トリ-t-ブチルラー

デンブルグベンゼン（トリ-t-ブチルプリズマン）が単離されています。これらの異性体は比較的安定であり、単離が可能です（式 12.3）。

(12.3)

特に、トリ-t-ブチルデュワーベンゼンは室温で液体、0℃以下で固体の化合物で、200℃に加熱すると、トリ-t-ブチルベンゼンに再芳香族化します。

以上紹介したベンゼンの原子価異性化の仕組みについては、軌道の対称性を考慮すると、ベンズバレンはベンゼンの最低励起一重項から、また、プリズマンは最低励起三重項から生成すると説明されます。

12-1-2　複素環式芳香族化合物（heteroaromatic compounds）

a) 六員環化合物：ピリジン（pyridines）とピリダジン（pyridazines）

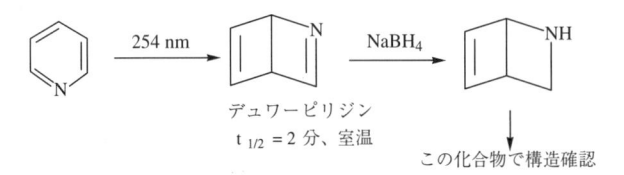

図 12-3　ピリジンの原子価異性

ピリジンは 254 nm の光で原子価異性化して、室温における半減期が 2 分のデュワーピリジン（Dewar pyridine）を与えます（図 12-3）。

また、ピリダジン（pyridazine, 1,2-diazine）はピラジン（pyradine, 1,4-diazine）に異性化しますが、その原子価異性化の反応経路を式 12.4 に示します。

$$\text{1,2-ジアジン} \xrightarrow{h\nu} \text{1,4-ジアジン} \tag{12.4}$$

式(12.4)の経路:1,2-ジアジン $\xrightarrow{h\nu}$ 中間体 $\xrightarrow{1,3\text{-移動}}$ 中間体 $\xrightarrow{\text{再芳香族化}}$ 1,4-ジアジン

b) 五員環化合物:チオフェン (thiophenes) とイミダゾール (imidazoles)

テトラキス(トリフルオロメチル)チオフェンは、ビシクロ[2.1.0]ペンテン類似体を与え(式 12.5)、2-フェニルチオフェンは原子価異性化して、3-フェニルチオフェンを生成します(式 12.6)。

$$\text{テトラキス(CF}_3\text{)チオフェン} \xrightarrow{h\nu} \text{ビシクロ体} \tag{12.5}$$

$$\text{2-フェニルチオフェン} \xrightarrow{h\nu} \text{3-フェニルチオフェン} \tag{12.6}$$

フェニルチオフェンの異性化では、見かけ上、フェニル基が 1,2-移動して

いますが、実際には、フェニル基の1,2-移動ではなくて、12-3 で述べるように、原子価異性化で説明されます。イミダゾール（imidazoles）でも、同じように見かけ上置換基が移動する原子価異性化があります。その反応と反応経路を図 12-4 に示しますが、置換基 X および Z とイミダゾール環の間の結合は開裂せずに、環組換えによる異性化により、見かけ上置換基の入れ替えが起きています。

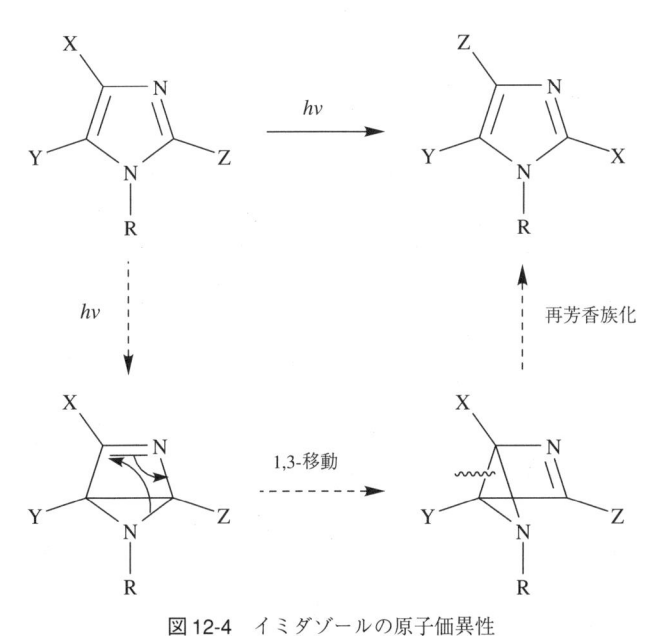

図 12-4　イミダゾールの原子価異性

12-1-3　原子価異性体への付加反応——ベンズバレンへの付加

　ベンゼン環は化学的に非常に安定ですが、光により生成する原子価異性体は一般に不安定であり、すぐ元の芳香族化合物に戻ってしまいます。しかし、この不安定な原子価異性体に適当な試薬を作用させると、別の安定した非芳香族化合物に誘導することができます。ここでは、これらの試薬としてアルコールとオレフィンを作用させた場合について述べます。

a) ベンズバレンへのアルコール付加

ベンゼンをプロトン供与性溶媒中で光照射すると、溶媒の極性付加が起こります。たとえば、酢酸中、ベンゼンを照射すると、exo-4-アセトキシビシクロ[3.1.0]-ヘキセ-2-エン（*exo*-4-acetoxybicyclo [3.1.0] hex-2-ene）が生成します（式12.7）が、この付加物はベンズバレンのビシクロブタン環が酢酸によって開環し、極性付加を受けたものです。

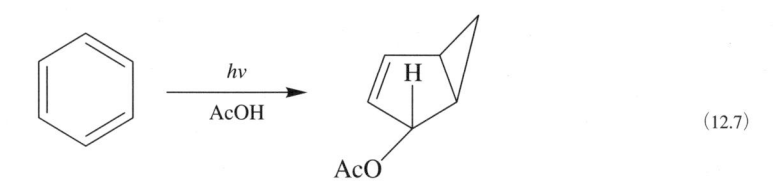

$$\text{(benzene)} \xrightarrow[\text{AcOH}]{h\nu} \text{(exo-4-acetoxybicyclo[3.1.0]hex-2-ene)} \tag{12.7}$$

exo-4-アセトキシビシクロ[3.1.0]-ヘキセ-2-エン

この種の付加は、酢酸以外、たとえば、トリフルオロエタノール、酢酸メタノール、酸性水溶液中でも起こります。一般に4-位の置換基は、*exo*-体だけでなく、*endo*-体（*endo*-4-acetoxybicyclo [3.1.0] hex-2-ene）も一次生成物として生成します。この一次生成物は、ベンゼンが光増感剤となって、転位反応を起こし、6-位の置換基が *exo*-型、あるいは *endo*-型のビシクロ[3.1.0]ヘキセニル誘導体を生成します（図 12-5）。

この6-ビシクロヘキセニル転位生成物は、一次生成物4-ビシクロヘキセニル誘導体の橋頭炭素間（C_1–C_5）の結合が切れて生成するジラジカルの環組換え再結合を経て得られるようです。

一次生成物である4-ビシクロヘキセニル誘導体の生成には、ベンゼノニウム（benzenonium）イオンを経る機構と、ベンズバレンを経る機構が考えられますが、これまでの検討の結果からはベンズバレンを経る機構が支持されています。

さらに、ベンズバレンと溶媒との暗所反応では、生成する4-ビシクロ[3.1.0]ヘキセニル誘導体の [*endo*-型] / [*exo*-型] の比は、表 12-1 に示すように、溶媒の酸性度に依存して変わり、酸性度が上がると *endo*-体が抑えられま

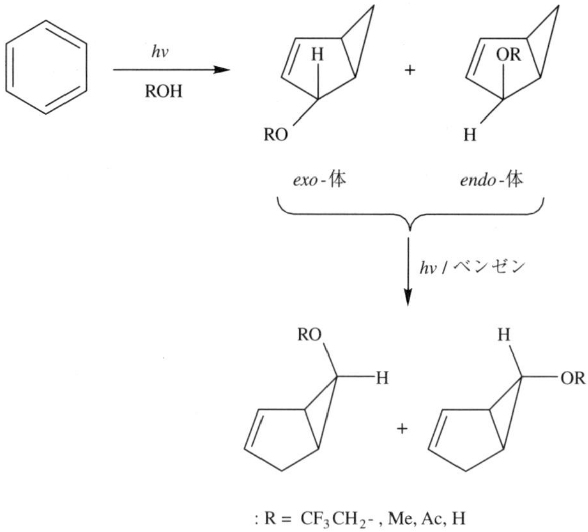

図 12-5　ベンゼンへのプロトン供与性溶媒の極性付加

表 12-1　溶媒による生成物の違い

溶媒	CF$_3$CH$_2$OH	MeOH (0.1% HCl)	0.01N H$_2$SO$_4$ 水溶液
[endo-型] / [exo-型]	0.35	0.06	0.02

す。

　このような実験結果を踏まえて、次のような2通りの溶媒の付加過程が考えられます。一つは、強酸の存在で、遊離ビシクロヘキセニル陽イオンを経て、立体障害の少ない、攻撃しやすい exo-側から溶媒が求核攻撃して exo-体を生成する過程（経路 a）と、他の一つは、酸性度の低い溶媒では、溶媒の陰イオンとビシクロヘキセニル陽イオンがイオン対を作り、そのまま求核攻撃して、endo-体を生成する過程（経路 b）です。この2通りの過程を図示すると、次のようになります。

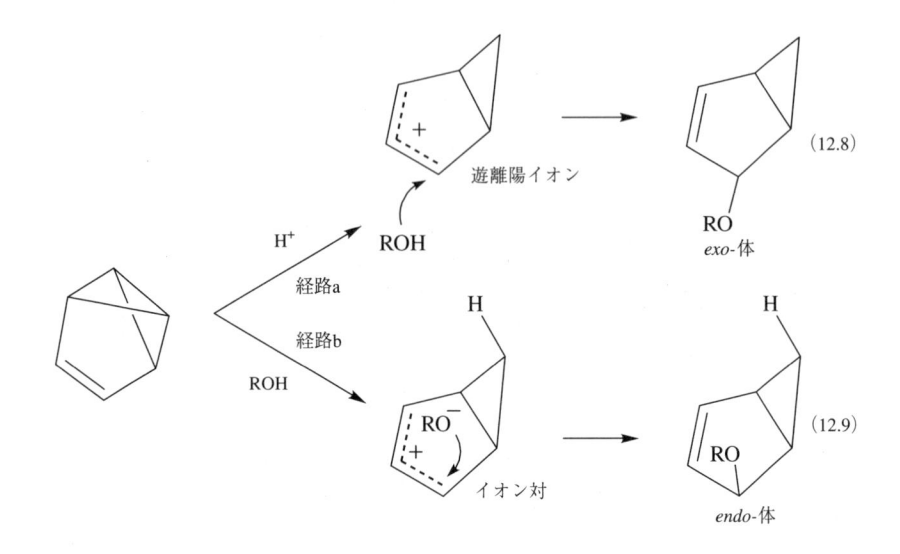

経路a: H⁺ / ROH → 遊離陽イオン → RO- *exo*-体 (12.8)

経路b: ROH → イオン対 → RO, H *endo*-体 (12.9)

　上に示した反応において、攻撃したプロトンが選択的に *endo*-側に位置するのは、プロトンがビシクロブタン環の外側のC-C結合の中心を攻撃することを示唆するCNDO法によるビシクロブタン―プロトン複合体のエネルギー計算に基づいています。

　ところで、このような反応は廃水処理の手段として利用できる可能性があります。私たちの生活の基盤を支える有機化学工業製品の中で、最も重要な機能性製品として、界面活性剤や染料があります。特にハード型界面活性剤は、ほとんどがベンゼン誘導体であり、また、工業的に製造される染料はすべて芳香族化合物です。また、内分泌攪乱物質である環境ホルモンの多くも芳香族化合物です。したがって、環境を保護するためには、何らかの方法により、廃水中に含まれるこれらの化合物を除去しなければなりません。

　上で述べたように、芳香族化合物を含む廃水を光分解すると、水との反応によって非芳香族化することが期待されます。このようにして生成する化合物は、生物学的あるいは化学的に酸化分解されやすいので、一連の処理により、除去が可能であろうと考えます。

b) ベンズバレンへのオレフィンの環化付加

アルケンとベンゼンとの混合物を照射すると、ベンゼン環の 1,3-環化付加が起こります。この環化付加はベンズバレンのビシクロブタン環とアルケンの C=C 結合との反応であり、生成付加体は多環系の非芳香族化合物です。したがって、この環化付加も芳香族化合物を非芳香族化する一つの方法になります。一例を、式 12.10 に示しましたが、シクロプロパンやシクロブタンの特徴的な反応である「結合開裂による二重結合への付加反応」を起こし、シクロペンタン環を形成します。

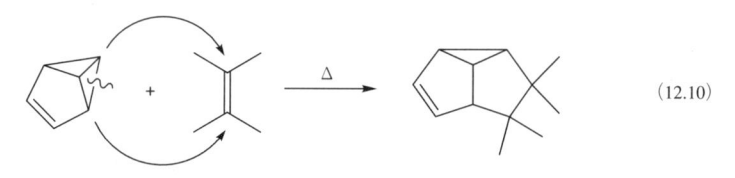

$$\tag{12.10}$$

なお、以上述べたベンズバレンへのオレフィンの付加は、ベンゼン環へのオレフィン類の 3 つの付加反応モードの中の「1,3-環化付加」に対応しますが、他のモードには「1,2-環化付加」と「1,4-環化付加」があります。

12-2　ベンゼン環へのオレフィン環化付加
——1,2-環化付加（1,2-cycloaddition）

1,1-ジメトキシエチレン（1,1-dimethoxyethylene）のように電子豊富なオレフィン、あるいは、アクリロニトリル（acrylonitrile）のような電子欠如オレフィンは、それぞれベンゼンに対して電子供与性あるいは電子受容性が大きいオレフィンとなり、一般に、「1,2-環化付加」をしてシクロブタン環を生成します。

たとえば次のような反応です。

$$\text{ベンゼン} + \underset{\text{MeO OMe}}{\text{C=CH}_2} \xrightarrow{h\nu} \text{ビシクロ体(OMe)}_2 \quad (12.11)$$

$$\text{ベンゼン} + \underset{\text{CN}}{\text{CH=CH}_2} \xrightarrow{h\nu} \text{ビシクロ体-CN} \quad (12.12)$$

12-3 原子価異性による見かけの転位反応

　一般に転位反応 (rearrangement reaction) は、移動基 (migration group) が移動原点 (migration origin) との結合を切って、移動終点 (migration terminus) へ移動し、新しい結合が生成する反応で、多くはラジカル反応かイオン反応で進みます。たとえば、芳香族化合物分野では、下に示したように、芳香族エステルでのフリース転位 (Fries rearrangement，式 12.13)、アリルフェニルエーテルのクライゼン転位 (Claisen rearrangement，式 12.14) 等が典型的な例で、酸触媒 (熱的) でも起こります。これに対して、芳香環の異性化で見かけ上置換基が移動する場合がありますが、これは原子価異性による異性化反応です。

Fries 転位：

$$\underset{\text{カテコールモノ酢酸エステル}}{\text{o-HO-C}_6\text{H}_4\text{-OAc}} \xrightarrow{h\nu} \underset{\text{ジヒドロキシアセトフェノン}}{\text{(HO)}_2\text{C}_6\text{H}_3\text{-Ac} + \text{(HO)}_2\text{C}_6\text{H}_3\text{-Ac}} \quad (12.13)$$

Claisen 転位：

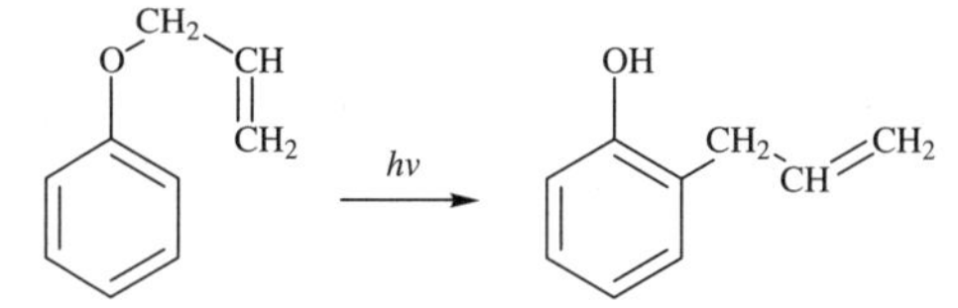

$$\text{アリルフェニルエーテル} \xrightarrow{h\nu} \text{o-アリルフェノール} \quad (12.14)$$

Wallach 転位：

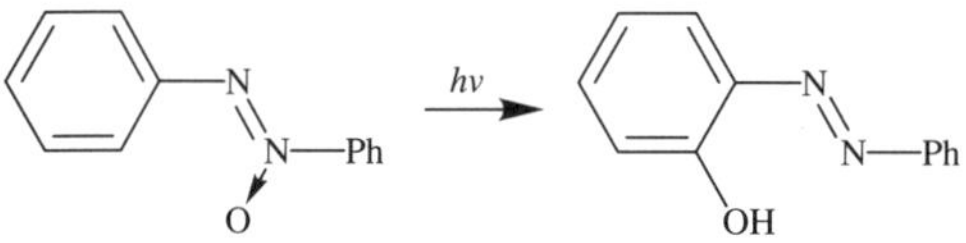

$$\text{アゾキシベンゼン} \xrightarrow{h\nu} \text{2-ヒドロキシアゾベンゼン} \quad (12.15)$$

12-3-1　アレーン (arene) の光異性化──アルキル基の見かけの転位

　気相中で o-キシレンを光照射すると、0.012 の量子収率で m-キシレンと p-キシレンが 11：1 の割合で生成します。同様にして、m-キシレンからは、4：1 の割合で、p-体と o-体が生成します。すなわち、見かけ上はメチル基が 1,2-

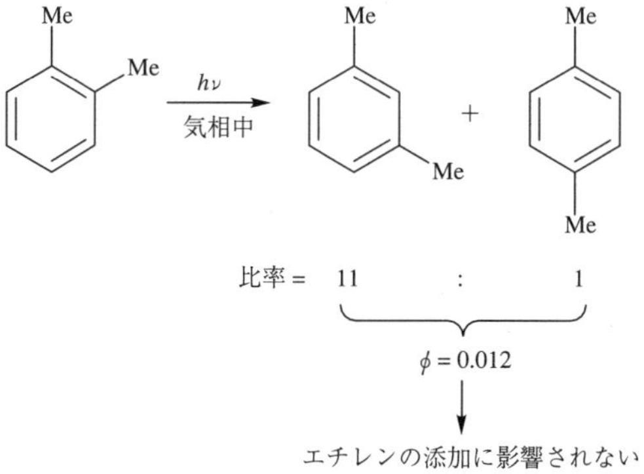

比率 =　11　：　1

$\phi = 0.012$

エチレンの添加に影響されない

図12-6　o-キシレンの異性化

移動することを示しています（図 12-6）。

　しかし、この反応は、ラジカル捕捉剤として添加したエチレンの影響を受けないことから、メチル基がベンゼン環から切れて、ラジカル機構で進行しているわけではないことがわかります。同様の異性化反応は、イソヘキサン溶液中でも起こります。

　さらに、質量数 14 の炭素の同位体 ^{14}C を用いた次のような「標識実験（^{14}C-labeling experiment）」から、この反応では、メチル基と環炭素間の結合開裂は起きていないことが、実験的に明らかになりました。

　図 12-7 で示したように、^{14}C で標識したメシチレン-1,3,5-$^{14}C_3$（反応式のベンゼン環の●印が ^{14}C）をイソヘキサン中で光照射して、生成した 1,2,4-トリメチルベンゼンでの標識された炭素の位置を分析したところ、1-,2-,4-位の環炭素のみが ^{14}C で標識されていることが明らかになりました。この事実は、メチル基と環炭素間結合が切れていない証明です。

　それでは、どんな機構で、この反応が起こるのでしょうか。ベンゼン環の再配列、すなわち原子価異性を考えると、メチル基の見かけの 1,2-移動が説明されます。

　図 12-7 の反応スキームで示したように、反応中間体として、原子価異性体

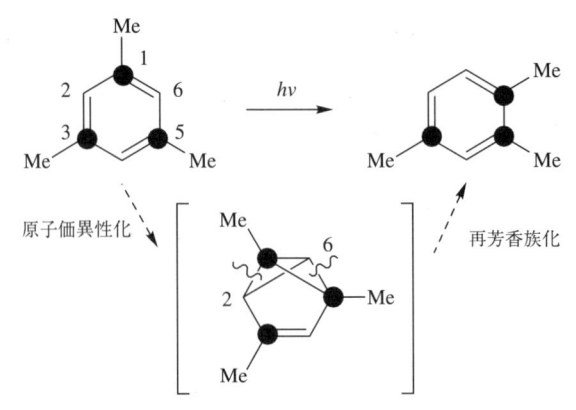

図12-7　メシチレン-1,3,5-$^{14}C_3$ の光異性化と反応経路

ベンズバレン（プリズマンも考えられますが、プリズマンよりも生成効率の高いベンズバレンを考える方が、より合理的です）を経る反応経路で説明できます。図は、C_2 と C_6 間、C_1 と C_5 間の結合によるベンズバレンの生成、次いで、ベンズバレンのビシクロブタン環の C_1–C_2 結合と C_5–C_6 結合が開裂して再芳香族化する過程を示しています。

このように原子価異性を経る機構は、次に述べるように、反応混合物中に原子価異性体そのものが検出されたことから支持されています（式 12.16）。

(12.16)

すなわち、かさ高い t-ブチル基を置換基とした 1,3,5-トリ-t-ブチルベンゼンを基質として光異性化を検討した結果、反応の定常状態において、反応系中に、t-ブチル基が置換したベンズバレン、プリズマン、デュワーベンゼンの各誘導体が 1,3,5- および 1,2,4-トリ-t-ブチルベンゼンと共に確認された（p.135 参照）ことより、原子価異性体を経る機構は確かな機構と言えます。

12-3-2　複素環式芳香族化合物での見かけの転位反応例

複素環式芳香族化合物の原子価異性については、先に説明（p.135）しましたが、その原子価異性化に伴い見かけの転位反応を起こす幾つかの例があります

ので、以下説明します。

a) 六員環化合物の場合

ピリダジン（pyridazine）の異性化では、1,2-ジアジンから1,4-ジアジンへの環組換えがあります（p.135に記載）。

b) 五員環化合物の場合

（1）2-フェニルチオフェン（2-phenylthiophene）の異性化

この異性化の機構については、いくつかの説明が提案されていますが、図12-8に示したような、原子価異性反応による環組換えによる異性化、すなわち、フェニル基の見かけの1,2-移動と考えるのが妥当です。また、この機構は、硫黄原子が関与した分子内双性イオン（zwitter ion）（硫黄イリド：C^--S^+）を経ると考えられています。

図12-8の反応スキームの矢印は、電子の流れを示しています。すなわち、光励起したチオフェンは、図示したように、S原子の非結合性軌道から電子が流れ、$S-C_3$, C_4-C_1の結合が生じ、C^--S^+のイリド中間体が生じ、次いで、逆方向の電子の流れ（再芳香族化）で、3-フェニルチオフェンが生成します。

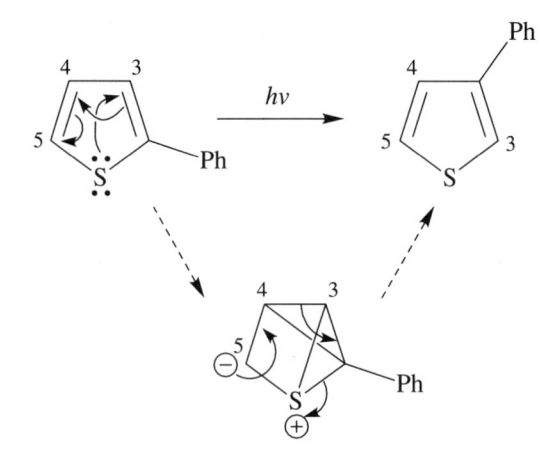

図12-8 チオフェンの光異性化と双性イオンの介在する反応経路

(2) 2-シアノピロール (2-cyanopyrrole) の異性化

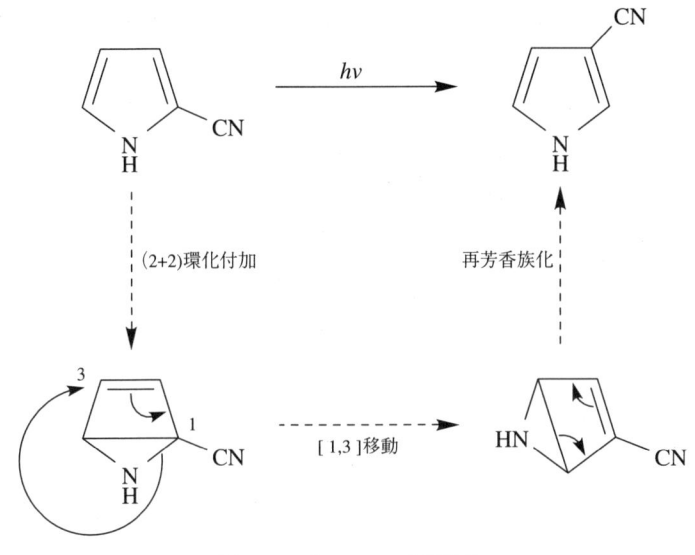

図12-9 ピロールの光異性化

2-シアノピロールは、まず、分子内 (2 + 2) 環化付加してアザビシクロペンテン環を形成し、ついでアルキル基の1,3-移動後、再芳香族化して3-シアノピロールを生成します（図12-9参照）。

12-4 光化学的芳香族置換反応

芳香族化合物の光化学反応には、先に述べた原子価異性 (p.133)、環化付加反応 (p.141)、見かけの転位反応 (p.142) や置換反応（主に、求核置換反応）などがありますが、本節では、熱反応（電子的基底状態）では起こらず、光の吸収で初めて起こる、光化学に特有な置換反応について説明します。

たとえば、光照射下、アニソールの環水素の重水素交換（芳香族求電子置換反応、aromatic electrophilic substitution）を CF_3COOD 中で行うと、基底状態で

> コラム6

PNC法（光ニトロソ化法）

PNC法は、ナイロン6の原料となるε-カプロラクタムの製造工程の一つで、シクロヘキサンの光化学的ニトロソ化の工業化技術であり、東レが開発した、画期的なオキシム製造法です。PNCは「photochemical nitrososation of cyclohexane」の略です。

反応スキームを下に示しました。

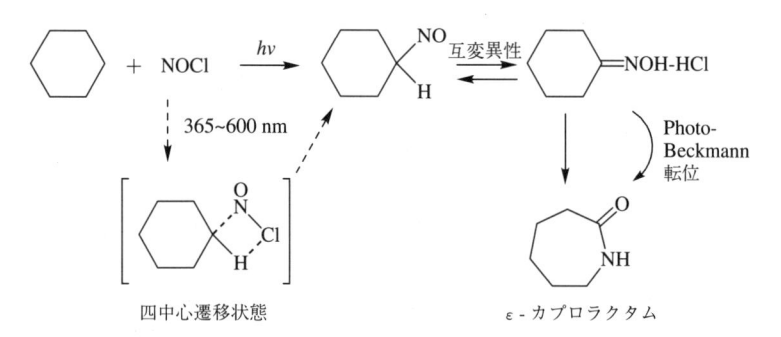

（反応スキーム図：シクロヘキサン + NOCl → hν、365~600 nm → 四中心遷移状態 → ニトロソシクロヘキサン ⇌ 互変異性 → シクロヘキサノンオキシム·HCl → Photo-Beckmann転位 → ε-カプロラクタム）

この反応は、シクロヘキサン中に塩化ニトロシルを吹き込みながら長波長光（365～600 nm）を照射してシクロヘキサノンオキシムを合成する反応です。この反応については、E.V.Lynn（1919～1922）、E.Müller（1954～1963）、伊藤（1956）らの研究があります。反応は、光により、NOClが塩素原子とニトロソラジカルにホモリシスする反応から誘導されますが、反応機構は、上の図に示したように、シクロヘキサンのC-H結合とNOClが四中心遷移状態を作って進行すると考えられています。

東レが工業化に成功したのは1962年で、地味ですが、素晴らしい技術開発だと思います。

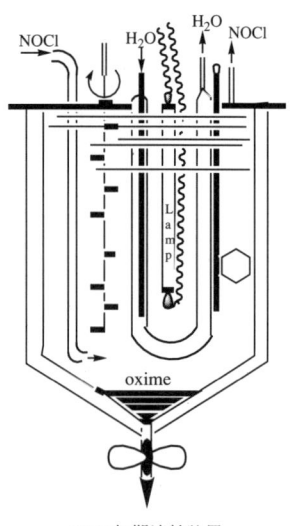

PNC初期連続装置

の求電子置換の o-, p-配向とは全く異なって、o-, m-配向を示します（式 12.17）。同じように、基底状態と励起状態で置換の配向が異なる例として、m-ニトロアニソールと KCN との光反応では、ニトロ基の m-位のメトキシ基が CN^- で容易に求核置換する例があります（式 12.18）。さらに、ニトロベンゼン誘導体において、求核置換を受ける MeO-基がニトロ基の p-位に、F-基が m-位に置換している、3-フルオロ-4-メトキシニトロベンゼンをアルカリ水溶液共存で光照射すると、m-位の F が選択的に OH に置換されることがわかりました（式 12.19）。この事実も、基底状態の芳香族求核置換反応（aromatic nucleophilic substitution）の配向とは異なります。

$$\text{PhOMe} \xrightarrow{h\nu, \text{CF}_3\text{COOD}} o\text{-D-anisole} + m\text{-D-anisole} \quad (12.17)$$

$$m\text{-nitroanisole} \xrightarrow{h\nu, \text{KCN}} m\text{-nitrobenzonitrile} \quad (12.18)$$

$$\text{3-F-4-OMe-nitrobenzene} \xrightarrow{h\nu, \text{H}_2\text{O}} \text{2-OH-4-NO}_2\text{-benzonitrile} \quad (12.19)$$

このような、一連のアニソール誘導体の光化学特異的な置換反応は、励起状態におけるベンゼン環炭素上で計算された電子密度の差異で容易に説明できます。すなわち、相対的に比較しますと、基底状態のアニソールは、o-, p-位の電子密度は m-位よりも高いのに、励起状態では、o-, m-位の電子密度が p-位

よりも高くなります。したがって、励起状態での重水素イオン（D^+）による求電子置換反応はメトキシ基に対して、o-, m-配向になります。

　また、電子吸引基のニトロ基が置換したm-メトキシニトロベンゼンでは、励起状態でニトロ基のo-, m-位の電子密度がp-位よりも低くなり、したがって、o-, m-位がCN^-の求核攻撃を受けやすくなることで、その求核置換反応が理解されます。

　OH^-によるFの求核置換も、同様にして、励起状態におけるニトロ基のm-位に及ぼす置換基効果（電子密度を下げる）により説明されます。

　これらの反応は、何れも、「励起状態では、置換基の電気的性質が効果的にメタ位に伝わっている」という共通の挙動がみられます。この励起状態での挙動を「メタ伝達（meta transmission）」と呼んでいます。求核置換反応のメタ伝達を極限構造式で模式的に描くと、式 12.20 右側のように表現できるでしょう。

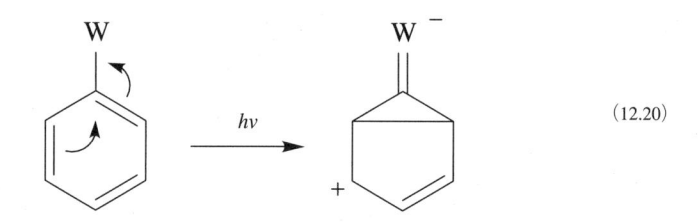

$$\text{(12.20)}$$

　メタ伝達は大変に有用な反応機構ですが、この機構で全ての光化学的芳香族求核置換反応を説明することはできません。メタ伝達機構とは別に「ラジカルカチオン」機構により説明される反応例も幾つかありますので、それを紹介します。

　アニソールは、励起状態で電子供与性が著しく増大することから、適切な電子受容体、たとえば、図12-10 に示したように、p-ジシアノベンゼンの共存下では、KCN で効率良く光求核置換反応が起こり、シアノアニソールが生成します。しかも、生成物はo-体とp-体であることから、メトキシ基のメタ伝達では説明できず、それに代わって、アニソールラジカルカチオン（このカチオンはメトキシ基に対してo-, p-配向性です）へのCN^-の求核攻撃機構で説明

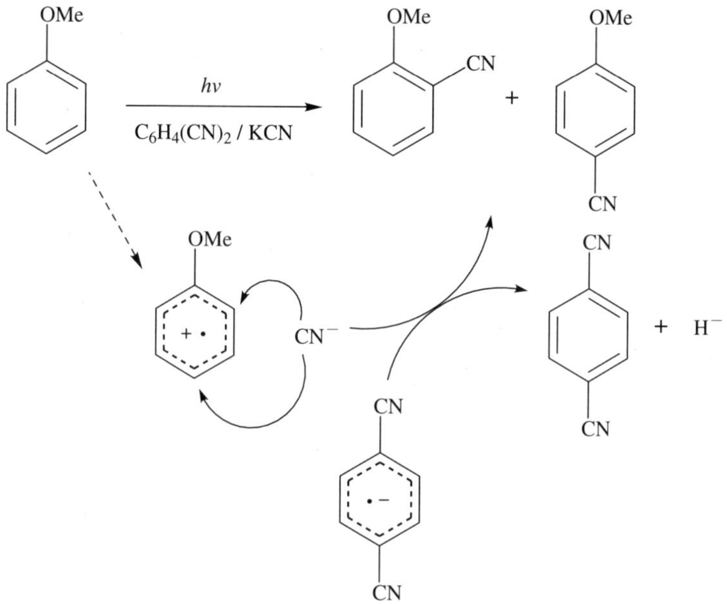

図12-10　アニソールの光求核置換反応例

されます。このアニソールラジカルカチオンは、励起アニソールからジシアノベンゼンへの電子移動（electron transfer）で生成します。

　図12-10の反応式に示されているように、ラジカルカチオンをCN⁻イオンが攻撃して、Hと入れ代わりますが、ジシアノベンゼンラジカルアニオンから電子を供給されて水素はH⁻（hydride ion）としてベンゼン環から抜けて行きます。H⁻イオンとCN⁻イオンとが置換する他の例としては、ナフタレンのシアノ化があります。

コラム7

9-ニトロアントラセンの光化学的転位

転位反応については、先に (p.142) 説明しましたが、立体障害により軌道—軌道間相互作用が変化し、新しい型の結合形成を優先する転位反応例があります。

例えば、ニトロベンゼンは下図左に示したように、構成元素 (C, H, N, O) 全てが sp^2 平面上にあり、さらにニトロ基酸素の非結合性軌道 (n 軌道) もその平面上にあります。このような構造のニトロベンゼンを水素供与性の高いイソプロパノール中で光照射すると、ニトロ基の $n, π^*$ 遷移により、カルボニル基と同様に、ニトロ基酸素による水素引き抜き反応が起こり、下に示したように、フェニルヒドロキシアミンが生成します。

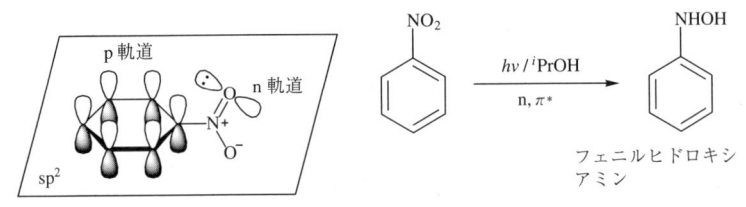

これに対して、9-ニトロアントラセンでは、図のように、1-と8-位のペリ位水素による立体反発により、ニトロ基平面は sp^2 平面からねじれた構造をとり、ニトロ基による水素引き抜き反応は起こらなくなります。

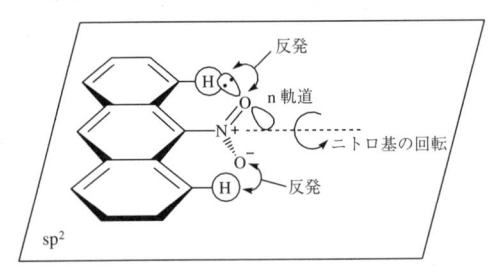

この場合、ねじれたニトロ基による特異な「結合の生成に始まる転位反応」が起こります。すなわち、9-ニトロアントラセンは、ニトロ基が $n, π^*$ 励起し、その励起状態での9-位付近の立体化学を反映して (図参照)、ニトロ基酸素原子の不対電子1個を持った n 軌道が芳香環の9-位炭素原子 (C_9) の p 軌道と相互作用して、C_9 とニトロ基酸素が結合した三員環オキサジラン環を形成します。ついで、C-N 結合が開裂して再芳香族化し、9-アントリル亜硝酸エステルを生成します。すなわち、この反応では $-NO_2$ が $-ONO$ に転位したわけです。

第12章 ベンゼン類の光化学反応

9-ニトロアントラセン → hv, n,π^* → [n軌道, p軌道, π^*] → オキサジラン環 → 9-アントリル亜硝酸エステル

二量体 ⇌ (hv_1, hv_2)

その他、類似の転位反応としては、水溶液中で9-アントラセンスルホン酸が光分解して9-アントリル亜硝酸エステルが生成する反応も知られています。

なお、9-ニトロアントラセンは、上に示した転位とは別に比較的長い波長 (hv_1) の光照射によって、head-to-tail 型の二量体が形成され、短波長 (hv_2) の光照射では二量体は光分解して、単量体となる反応も起こります。

[第Ⅲ部] 有機化合物の基本的光化学反応　演習問題

[1] 下記の置換スチルベンを、酸化剤の共存下、光化学的に閉環させた場合の生成物の構造式を描きなさい。

[2] BTX（ベンゼン、トルエン、キシレン）を光増感剤として、メタノール中、1-メチルシクロヘキセンを光照射すると、メタノール付加体のメチルエーテルと異性化した *exo*-オレフィンが生成します。この反応過程にカルボカチオンの介在を考えましたが、その理由はなぜでしょう。

[3] 下に示したバレレンからセミブルバレンへの反応は一連のジ-π-メタン転位で説明できます。その反応スキームを書きなさい。

[4] 次の化合物の環状電子反応生成物を書きなさい。

(a)

(b)

(c)

(d)

[5] 次に示したように、光学活性なメチルヘプタノンは、一重項、三重項いずれの状態からも、ノリッシュⅡ型反応を起こしますが、三重項からの水素逆戻りにより生成する基質はラセミ化されます。その理由を述べなさい。

S-(+)-5-メチル-2-ヘプタノン $\xrightarrow{h\nu}$ 一重項 $\Big\}$ ノリッシュⅡ型反応
三重項
↓
ラセミ 5-メチル-2-ヘプタノン ← ケチルラジカル
H逆戻り

[6] 下記のように、ベンゾフェノンとアセチレン誘導体とのパテルノ・ビュッヒ反応では生成物としてα,β-不飽和ケトンが得られます。この反応過程を考えなさい。

Ph₂C=O + $C_4H_9C \equiv CC_4H_9$ $\xrightarrow{h\nu}$ (Ph)(Ph)C=C(C₄H₉)–C(=O)–C₄H₉

主な参考書とあとがき

本『やさしい有機光化学』を執筆するに当たって、次の書籍を特に参考にしましたので、まずもって、紹介させていただきますとともに、著者の方々に深く感謝の意を表します。

C. H. Depuy, O. L. Chapman, *Molecular Reactions and Photochemistry* (Prentice-Hall), 1972.

J. D. Coyle, *Introduction to Organic Photochemistry* (Wiley), 1986.

井上晴夫、高木克彦、佐々木政子、朴　鐘震　共著『光化学 I』(丸善), 1999.

滝本靖之　著『フォトポリマー表面加工材料』(ぶんしん出版), 2001.

光と化学の事典編集委員会　編『光と化学の事典』(丸善), 2002.

久しぶりに本を書きました。有機光化学に関する書籍は多数出版されていますが、その何れも「総説」か、あるいは専門的に過ぎるような感じがしているのは、私が不勉強だからでしょうか。

このごろ、「学生の文字離れ」が、とやかく言われておりますが、言葉の一人歩きの感があります。たとえ文字離れが事実だとしても、それに妥協しないで、せめて、文字に慣れるように指導するのが教師の務めだと思います。

文字に慣れながら、文字による表現を学習しながら、自然科学への興味を持ってもらうような、「読み物」があってもおかしくはなく、かえって必要であろうと考えました。そして、この本を企画し、執筆しました。

書名の『やさしい有機光化学』の「やさしい」の字句にはこだわりました。「やさしい」の意図は、内容の程度をレベルダウンさせたという意味合いではなくて、なるべく懇切丁寧に内容を説明して、読者に理解しやすくするという意味です。ただ、その意図通りに書き上がったかどうか、いささか心配はあり

ます。当初企画した項目は、一応解説したつもりですが、「光で起こる有機化合物の変化」を理解するための基礎知識としては、「光と酸素が係わる化学反応」も説明する必要があったかもしれません。

ともあれ、この本を通して、光合成という自然の巧みさに改めて感心し、光化学、ひいては広く自然科学に興味を持っていただけたら幸いです。

なお、私の浅学による間違いや、不備の箇所があろうかと思いますので、ご指摘いただければ、検討しますのでよろしくお願いいたします。

索　引

ア　行

アインシュタイン　36
アクリロニトリルの付加　141
アセトフェノン　55
アセトン増感剤　120
アニソールの環水素の重水素交換　147
アリル H-引抜き反応　119
アルキル基の見かけの転位　143
α-開裂　104,112
α, β-不飽和環状ケトン　123
アレーン　143
9-アントリル亜硝酸エステル　153
E-Z 光異性化　77,80
一重項状態　47-48,50-51,56,68
一電子移動　122
衣服の劣化　109
イミダゾールの原子価異性　136
エオシン　56
エキシマー　121
エチレン　39-41
n, σ*励起　43
n, π*励起　43,103-106
エネルギー移動　54,59
エネルギー状態図　46
オキサ-ジ-π-メタン転位　114
オキセタン　116-118,120
オキセテン　117

カ　行

カゴ形化合物　90
可視光　27,37
カルボニル基の電子配置　102
環化付加　88-92
1,2-環化付加　141
1,3-環化付加　141
感光性樹脂　12,94
環状電子反応　97,99,101
乾癬治療　14,56
癌治療　57
γ-水素移動　106
環歪み　83-84
o-キシレン　143
キセノンランプ　30
逆旋的　99-100
共鳴機構　59-60
共役エノン　123
共役ポリエン　97
近赤外光　27
クライゼン転位　142
クロロフィル　58
蛍光　48-49,60,64
結合性軌道　43
結晶ケイ皮酸の二量化　91
原子価異性　133-137,142
高圧水銀ランプ　31
光科学技術　10
光化学第一法則　35,37
光化学第二法則　35-36
光化学治療　14,56
光化学的芳香族置換反応　147
光化学の樹　11
光化学反応を起こす割合　49
光化学利用分野　9
交換機構　59
項間交差　48,50-52,55
光源　27-28,30-31
光合成　4,7-8
交差共役ジエノン　129-130
光子　33-35
光子の持つエネルギー　35
光増感　54-57

高分子材料　9

サ 行

再吸収機構　61
最高被占軌道　40
最低空軌道　40
三重項状態　44, 48, 50-51, 55
サントニン　130
1,2-ジアジンから1,4-ジアジン　135
2-シアノピロールの異性化　147
紫外光　27
紫外線　5
紫外線障害　5
σ, σ^*励起　43
シクロオレフィン　83
シクロブタノン　113
シクロヘキサ-2,4-ジエノン　131
シクロヘキシルカチオン　83
シクロヘキセノン　123-125
p-ジシアノベンゼン　150
ジ-π-メタン転位　96
4,4-ジフェニルシクロヘキサジエノン　129
ジメチルシクロヘキサノン　113
ジメトキシエチレンの付加　141
写真凸版製版レジスト　94
ジャブロンスキー図　47, 49, 51-52
重原子効果　52
消光　54, 62, 66, 68
振動緩和　47
振動失活　47
Hの逆戻り　108
水素引抜き　104, 106, 108, 110-111, 119
スチルベン　78, 81
スピン禁制遷移　42
スピン多重度　44, 46
赤外線　5
セルロース繊維の崩壊　110
双極子—双極子機構　60
双性イオン　126
ソラレン　56

タ 行

Type A 形式　128-129
Type B 形式　128-129
太陽　5-6
太陽エネルギーの利用　6-7
太陽光　28, 108
脱励起　54
タングステンランプ　29, 37
炭素—炭素二重結合の電子配置　39
チオフェン　136
置換フェナントレン　81
低圧水銀ランプ　30
DNAの光損傷　92
テトラヒドロフランの生成　113
デュワーベンゼン　134-135
転位反応　142
電荷移動錯体　92
電荷移動励起状態　111
電気エネルギー　6
電子移動　122, 151
電子欠如カルボカチオン　105
電子遷移　41
電子的励起状態　34, 40, 42, 47
同位体 ^{14}C　144
同旋的　99-100
トリ-t-ブチルデュワーベンゼン　134
トリ-t-ブチルベンズバレン　134
トリ-t-ブチルラーデンブルグベンゼン　134

ナ 行

内部変換　48
ナイロン　9, 148
m-ニトロアニソール　149
9-ニトロアントラセンの転位　152
ニトロオキシド　55
ねじれ角　41-42
ねじれ励起状態　84
ノリッシュⅠ型反応　105, 112
ノリッシュⅡ型脱離反応　107
ノリッシュⅡ型反応　106-107

ノルボルネン　119

ハ 行

π,π*状態での還元反応　121
π,π*励起　43,77
白熱電球　29
パテルノ・ビュッヒ反応　116-119,124
ハロゲンサイクル　30
ハロゲンランプ　29
光回復　5,92
光吸収　47,66-67
光損傷　92
光定常状態　66,77-78
光の分類　27
非共役1,4-ジエン　96
ビシクロ[3.1.0]ヘキサノン　124,128
ビシクロ[3.1.0]ヘキセニル誘導体　138
ビシクロ[3.1.0]ヘキセノン　129
ビシクロ[4.4.0]デセノン　114
ビタミンA　81
ビタミンD　101
皮膚癌　5,94
非芳香族化　137,140
標識実験　144
ピラジン　135
ピリジン　135
ピリダジン　135
2-フェニルチオフェン　146
フォトポリマー　94
不均化　112
ブタジエン　51-52
フランク・コンドン原理　42
フリース転位　142
フルオロメトキシニトロベンゼン　149
フルベン　134
プロトン移動　122
ヘキサトリエン　97-99
ヘマトポルフィリン誘導体　57-58
ヘモグロビン　57
ベンズバレン　137,140-141,145
ベンズヒドロール　108

ベンズピナコール　109
ベンゾフェノン　51,55,64,105,109-111
ベンゾフェノンのメチルプロペン付加　117
1,3-ペンタジエン　55,60
ペンタン-3-オン　112
放射失活　48-49
ホスホレンへのアルコールの付加　87
ホット分子　48
ポリケイ皮酸ビニル　94

マ 行

無放射失活　48-49
メタ伝達　150
1-メチルシクロヘキセン　83-84
4-メチル-4-フェニルシクロヘキセノンの転位　126
メチレンブルー　56
メリーゴーランド型照射装置　69

ラ 行

量子収率　62-63,67,69
りん光　49
励起移動　54
励起エネルギーによる結合の開裂　36
励起カルボニル基の電子供与性　105
励起ケトンの寿命　122
レーザー光　31
レーザー治療　32

A-Z

acrylonitrile　141
α-cleavage　104,112
charge-transfer complex　92
Claisen rearrangement　142
conrotatory　99-100
2-cyanopyrrole　147
cycloaddition　88-92
Dewar pyridine　135
Dexter mechanism　59
1,1-dimethoxyethylene　141
dipole-dipole mechanism　60

disrotatory 99-100
DNA 5, 92
electrocyclic reaction 97, 99, 101
electronic excitation 34, 40
El-Sayed's rule 50-51
energy transfer 54, 59
eosine 56
exchange mechanism 59
excimer 121
E-Z photoisomerization 77, 88
fluorescence 48-49, 60, 64
Förster mechanism 60
Franck-Condon principle 42
Fries rearrangement 142
Grotthus-Draper law 35
heavy atom effect 52
hemoglobin 57
HOMO 40, 44, 60
hydrogen abstraction 104, 106, 108, 110-111, 119
internal conversion 48
intersystem crossing 48, 50-52, 55
Kasha's rule 49
labeling experiment 144
LUMO 40, 44, 60
merry-go-round type irradiation apparatus 69
meta transmission 150
methylene blue 56
Norrish type I reaction 105, 112
Norrish type II reaction 106-107
one electron transfer 122
oxa-di-π-methane rearrangement 114
oxetane 116-118, 120
oxetene 117
Paterno-Büchi reaction 116-119, 124
phenanthrene 81
phosphorescence 49
photochemotherapy 14, 56
photodamage 92

photopolymer 94
photoreactivation 92
photosensitization 54-57
photo-sensitized oxidation 56
photo-sensitized oxygenation 56
photosensitizer 55
proton transfer 122
psoralens 56
PUVA therapy 56
PVAC 94
pyradine 135
pyridazines 135
pyridines 135
quantum yield 62-63, 67, 69
quencher 55
quenching 54, 62, 66, 68
radiationless deactivation 48-49
radiative deactivation 48-49
rearrangement reaction 142
resonance mechanism 59-60
Rydberg transition 85
santonin 130
singlet state 47-48, 50-51, 56, 68
spin multiplicity 44, 46
Stark-Einstein law 35
Stern-Volmer equation 66
thiophenes 136
triplet state 44, 48, 50-51, 55
trivial mechanism 59, 61
UV-A 28
UV-B 5, 28
UV-C 28
valence isomer 133
valence isomerizm 133-137, 142
vibrational cascade 47
vibrational relaxation 47
vitamin A 81
Woodward-Hoffmann rules 97
zwitter ion 126

《著者略歴》

伊澤　康司
（い ざわ やす じ）

1927年　群馬県桐生市に生まれる
1953年　名古屋大学工学部卒業
1963年　名古屋大学工学部講師
1971年　三重大学工学部教授
1985年　愛知工業大学教授
現　在　愛知工業大学客員教授・名誉教授、三重大学名誉教授、工学博士
主著書　『光有機反応』（共著、朝倉書店、1966年）
　　　　『付加反応』（共著、丸善、1975年）
　　　　『物質と材料の基本化学』（共編、共立出版、1990年）

やさしい有機光化学

2004年10月30日　初版第1刷発行
2010年 6月15日　初版第2刷発行

定価はカバーに
表示しています

著　者　伊　澤　康　司
発行者　石　井　三　記

発行所　財団法人　名古屋大学出版会
〒464-0814　名古屋市千種区不老町1 名古屋大学構内
電話(052)781-5027/FAX(052)781-0697

Ⓒ Yasuji Izawa, 2004　　　　　　　　　　　Printed in Japan
印刷・製本　㈱太洋社　　　　　　　　　　ISBN978-4-8158-0495-4
乱丁・落丁はお取替えいたします。

Ⓡ〈日本複写権センター委託出版物〉
本書の全部または一部を無断で複写複製（コピー）することは、著作権法上での例外を除き、禁じられています。本書からの複写を希望される場合は、日本複写権センター（03-3401-2382）の許諾を受けてください。

野依良治著
研究はみずみずしく
―ノーベル化学賞の言葉―
四六・218頁
本体2,200円

富岡秀雄著
最新のカルベン化学
B5・356頁
本体6,600円

高木秀夫著
量子論に基づく無機化学
―群論からのアプローチ―
A5・286頁
本体4,600円

篠原久典／齋藤弥八著
フラーレンの化学と物理
A5・302頁
本体5,500円

西澤邦秀／飯田孝夫編
放射線安全取扱の基礎［第3版］
―アイソトープからX線・放射光まで―
B5・200頁
本体2,400円

黒田光太郎／戸田山和久／伊勢田哲治編
誇り高い技術者になろう
―工学倫理ノススメ―
A5・276頁
本体2,800円

伊勢田哲治著
疑似科学と科学の哲学
A5・288頁
本体2,800円